AF317824

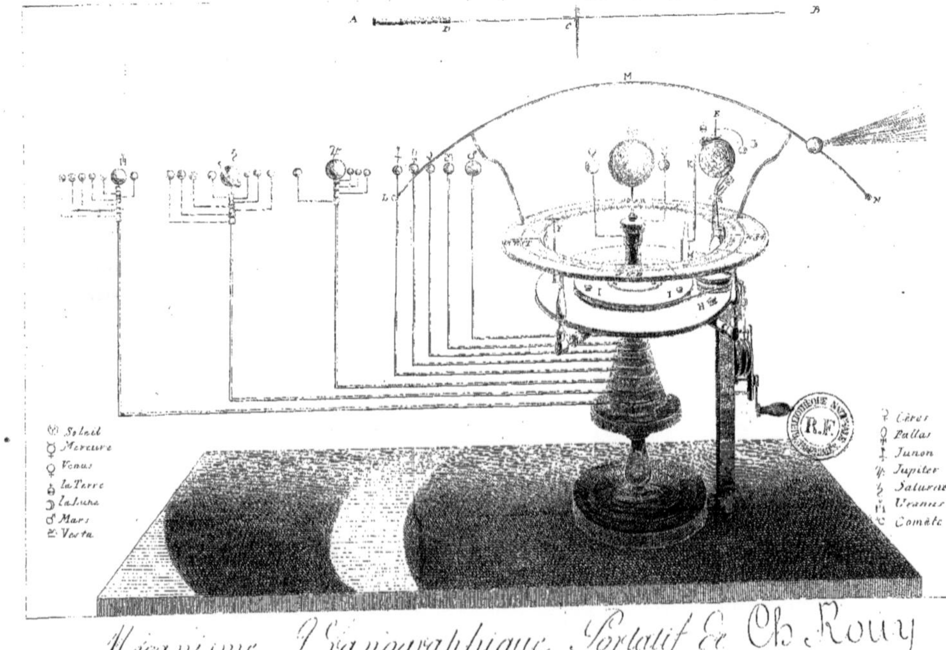

Mécanisme Uranographique Portatif de Ch. Rouy

PANORAMA CÉLESTE,

OU

DESCRIPTION ET USAGE

DU MÉCANISME

URANOGRAPHIQUE,

DÉDIÉ ET PRÉSENTÉ

A S. M. LOUIS XVIII,

ET DESTINÉ AUX ÉTABLISSEMENS D'ÉDUCATION
DES DEUX SEXES, AUX PÈRES DE FAMILLE, etc.;

PAR CHARLES ROUY.

DEUXIÈME ÉDITION, REVUE, CORRIGÉE ET AUGMENTÉE.

Cœli enarrant gloriam Dei, et opera manuum
ejus annuntiat firmamentum.　PSAL. XIX.

A PARIS,

CHEZ
L'AUTEUR, rue de Chabannais, n. 3;
LE NORMANT, Imprimeur-Libraire, rue de Seine, n. 8;
BRUNOT-LABBE, Libraire de l'Université, quai des Augustins, n. 33;
DELAUNAY, Libraire, Palais-Royal, galerie de Bois, n. 243;
DELAMARCHE, Ingénieur-Géographe, rue du Jardinet.

1817.

IMPRIMERIE PORTHMANN,

RUE SAINTE-ANNE, N°. 43, VIS-A-VIS LA RUE VILLEDOT.

AU ROI.

Sire,

En m'admettant à l'honneur de présenter à VOTRE MAJÉSTÉ le Mécanisme uranographique dont la simplicité et les effets obtinrent vos éloges et votre approbation ; en daignant, pour en suivre la démonstration, suspendre pendant une demi-heure les grands intérêts de l'Etat que la Providence vous a rappelé à gouverner, en agréant l'hommage et la dédicace de ce Mécanisme, et en permettant

que sa propagation en soit faite sous le
NOM AUGUSTE de VOTRE MAJESTE,
c'est assez prouver au Monde, SIRE,
combien un Monarque éclairé sait que
l'instruction des peuples est inséparable
de leur bonheur.

Je suis avec le plus profond respect,

SIRE,

DE VOTRE MAJESTÉ,

Le très-humble et très-fidèle

sujet,

CHARLES ROUY.

LISTE,

PAR ORDRE ALPHABÉTIQUE,

DE MM. LES SOUSCRIPTEURS

POUR LE MÉCANISME URANOGRAPHIQUE.

Sa Majesté Très-Chrétienne LOUIS XVIII, Roi de France et de Navarre.

S. A. R. MADAME, Duchesse d'Angoulême.

S. A. R. MONSIEUR, Frère du Roi, Comte d'Artois.

S. A. R. Monseigneur le Duc d'Angoulême.

S. A. R. Monseigneur le Duc de Berri.

S. A. R. Monseigneur le Prince de Condé.

A.

Anglès (S. Exc. M. le Comte d'), Ministre Secrétaire d'État, Préfet de Police à Paris.

B.

Barisoni, Directeur de la Manufacture d'Armes à Milan.

Bataille (le Baron).

Beauharnais (S. A. S. le Prince Eugène).

Benincasa, de la Commission chargée de l'examen des livres pour l'enseignement, dans le royaume Lombardo-Vénitien.

Bibliothèque du Roi, à Paris.

Rivago (le Comte Ambrogio), ex-Sénateur et Ministre du Trésor à Milan.

Brabant, Directeur des Ecoles chrétiennes, dites Frères à Barbètes, à Tournai.

Brême (le comte Arborio de), ex Sénateur et Ministre de l'Intérieur à Milan.

Breme (le Chevalier Louis de), ex-Aumônier et Directeur des Pages de l'ex-Roi d'Italie.

Bertin, Commandant de la Légion d'honneur.

Brunetti (le Comte), Directeur-général du Cadastre à Milan.

Bellune.
Bergame.
Bologne.
Brescia.
} Les Lycées de

C.

Caccia (le Baron Gandenzio Maria), Préfet de Milan.

Cazes (S. Exc. M. le Comte de), Ministre Secrétaire d'Etat de la Police générale du royaume de France.

Canneman, Conseiller d'Etat.

Césaris (le Chevalier), Astronome de Milan.

Chabrol (le Comte de), Conseiller d'Etat, Préfet du Département de la Seine.

Charmet (François), Négociant à Milan.

Chemin - Dupontès, Professeur de Philosophie à Paris.

Chauvenet, Négociant à Milan.

Colombini (Alexandre), Ingénieur à Milan.

Come (le Lycée de).

Conservatoire des Arts et Métiers à Paris.

Cassoni (le Comte Antoine), Directeur général des Ponts-et-Chaussées à Milan.

Crémone (le Lycée de).

Cruvellier (Jean-Pierre), Inspecteur de la Marine.

D.

Dandolo (le Comte) à Varèse.
Darnay (le Baron), à Paris.
Demestre (le Baron), Gouverneur du Collége militaire des Orphelins à Milan.
Drely (Madame veuve), Institutrice à Milan.
Durini (le Comte), Podesta de Milan.

F.

Florimont de la Tour Maubourg (le Comte de).
Fleury (le Chevalier), Consul-général de France à Gênes.
Fontanelli (le Comte Achille), ex-Ministre de la Guerre à Milan.
Faenza.
Ferrare. } Les Lycées de
Fermo.

G.

Gaillard, Consul de France à Milan.
Garnier (Madame veuve), Institutrice à Milan.
Grange (le Chevalier de), Principal du Collége de Bergerac.
Grossmann Rod, Négociant à Mulhausen.
Grubissich (le Comte Clément), à Venise.
Guibal-Vaute, à Castres.

H.

Havas, Négociant à Paris.
Hentsch, Banquier à Paris et Genève.

J.

Jeune (Le), Horloger à Paris.
Isimbardi (le Baron), Directeur-général des Monnaies à Milan.

L.

Lattanzi (Caroline), Rédacteur et Propriétaire du *Courrier des Dames*, à Milan.

Lelli (Bernnardino), à Bologne.
Linch (le Comte de), Pair de France.
Luini (le Comte Giacomo), Directeur-général de la Police à Milan.
Luosi (le Comte Joseph), Ministre de la Justice à Milan.

M.

Mallez-Mouque, Négociant à Lille.
Majoni, Directeur-général des Fabriques de Tabacs en Italie.
Macerata (le Lycée de).
Mantoue (le Lycée de).
Marsanne, Négociant à Bologne.
Mazarine (la Bibliothèque), à Paris.
Meaussé (de) . . . . Portugal.
Méjan (le Comte Etienne), à Paris.
Melli, Directeur du Collége de Varèse.
Milan (le Lycée de).
Modène (le Lycée et l'Ecole militaire de).
Moncitini, Négociant à Trieste.
Moscati (le Comte Pierre), Docteur en Médecine, ex-Sénateur et Directeur de l'Instruction publique en Italie.

N.

Novare (le Lycée de).

O.

Obioli (Louis), à Viterbe.
Ofarril, ex-Général et Ministre espagnol.
Osnago (Joseph-Antoine), Négociant à Milan.
Outrequien, Négociant à Paris.

P.

Padoue (le Lycée de).
Pavie (l'Université et le Lycée de).
Pezzi (François), Homme de Lettres à Venise.
Prina (le Comte Joseph), ex-Ministre des Finances à Milan.

Polfranceschi (le Comte), Inspecteur de la Gendar-
merie italienne.

Q.

Questiaux (le Chevalier), ex-Chargé d'affaires de
la Cour de Naples à Milan.

R.

Raguse (le Maréchal Duc de), Pair de France.
Reggio (le Lycée de).
Ricci, Podesta de Lugo, pour le Lycée.
Romagnosi, Professeur de haute Législation à Milan.

S.

Saxe Gotha et Altembourg (S. A. S. le Duc ré-
gnant de).
Sartorius (George), Professeur à l'Université de
Gottingue, Membre correspondant de l'Institut de
France).
Senonne (le Vicomte de), Secrétaire - général du
Musée à Paris.
Sondrio (le Lycée de).
Stadinisky et Van Hinkelom, à Amsterdam.
Strigelli (le Comte Antoine), ex-Ministre Secrétaire
d'Etat à Milan.

T.

Ternaux l'aîné, Négociant à Paris.
Trente (le Lycée de).
Trévise (le Lycée de)

U.

Udine (le Lycée d').
Urbino (le Lycée d').

V.

Valette (le Chevalier), à Paris.
Vaublant (le Comte de), Ministre Secrétaire d'Etat.
Venise (le Lycée et l'Ecole de marine de).

Vérone (le Lycée de).
Vicence (le Lycée de).
Vigano (Salvadore), Chorégraphe en Italie.
Vignolle (le Comte), Général , à Paris.
Villa (le Chevalier), ex-Préfet de Police à Milan.
Vissocq , Juge d'Instruction à Boulogne-sur-Mer.

Z.

Zelli (l'Abbé), Inspecteur-général de l'Instruction
publique en Illirie.
Zoboli (Gaetano), Négociant à Bologne.

NOTA. — Le Prix du Mécanisme uranographique
ordinaire, d'un pied de diamètre , comprenant
les Mouvemens diurne et annuel de la Terre,
celui de rotation du Soleil sur son axe, celui de
la Lune autour de la Terre , et ceux de Mercure
et Vénus autour du Soleil, est de   150 fr.

Le même diamètre , avec toutes les Planètes et une
Comète. . . . . 200 fr.

Idem, plate-forme, en cuivre poli.   300 à 400 fr.

Idem , de 18 pouces à 2 pieds de diamètre , formant
à volonté un rayon de 8 à 10 pieds , et un
développement de 40 à 50 pieds de circonférence. . . . . 600 à 1200 fr.

Et au-dessus , suivant la dimension , le per-
fectionnement de la main-d'œuvre et la richesse
des ornemens.

AVERTISSEMENT

SUR CETTE SECONDE EDITION.

La première édition de cet opuscule ayant été épuisée beaucoup plus tôt que je ne me l'étais imaginé, et le défaut de temps ne m'ayant permis d'y faire que très-peu d'additions ou changemens, ce double motif a nécessité la réimpression de cette seconde sur la première, sans même avoir le loisir d'entrer dans le détail des perfectionnemens exécutés sur le mécanisme uranographique, depuis la présentation et la démonstration que j'ai eu l'honneur d'en faire à Sa Majesté Louis XVIII, dont l'auguste et savant suffrage semble avoir rallumé le feu de mon imagination.

On trouvera néanmoins dans cette seconde édition, quelques lignes ajoutées au sujet des comètes et des taches du soleil, ainsi que divers articles extraits des journaux de Paris, qui feront suffisamment connaître ces additions que j'ai faites à mon mécanisme.

L'insertion de ces articles dans cet opuscule, suscitera peut-être quelques personnes à m'accuser de manquer aux lois de la modestie, à cause des éloges directs qui me concernent; mais en avouant de bonne foi que je me crois très-éloigné de mériter tous ces éloges, dont l'amour-propre pourrait tirer beaucoup de vanité, et en déclarant que l'espèce de célébrité dont j'ai l'avantage de jouir, n'est due qu'à l'indulgence et à la bonté encourageante dont le Roi a daigné m'honorer, à celles des savans et du public qui ont examiné mon mécanisme ou assisté à mes séances uranographiques, enfin à la publicité que MM. les

Rédacteurs des Journaux ont bien voulu donner à cette invention, ainsi qu'à mes démonstrations ; peut-être que cet aveu désarmera la critique et que le lecteur judicieux, en me pardonnant cette insertion, me saura gré des éclaircissemens et de l'intérêt que cette lecture auront pu lui procurer.

Je ne crois pas non plus devoir laisser ignorer que S. Exc. le Ministre de l'Intérieur, M. Lainé, et M. le Comte de Pradel, Directeur général du Ministère de la Maison du Roi, guidés par le désir de seconder l'encouragement que S. M. daigne accorder aux progrès des sciences et des arts en général, ont tout récemment chargé M. DELAMBRE, Doyen des astronomes français, ainsi que M. BREGUET, célèbre horloger-mécanicien, tous deux membres de l'Institut, et M. LAPIE, Directeur du Cabinet géographique du Roi, de procéder à l'examen du mécanisme uranographique, relativement à la proposition qui a été faite d'en construire un d'une dimension extraordinaire, pour être placé dans la galerie des tableaux du Louvre, comme un monument scientifique, exécuté sous le règne de S. M. Louis XVIII.

Cet examen a couronné du plus heureux succès ce fruit de mes longues veilles. Le suffrage de ces savans juges s'étant trouvé conforme à celui de S. M., à celui de MM. les Astronomes de Milan, etc., est, je ne le dissimule point, un de ceux auquel mon amour-propre attache le plus de prix ; d'autant plus qu'ils ont confirmé que non-seulement le mécanisme uranographique est un des plus simples et des plus complets qu'ils aient vus ; mais encore que les moyens employés pour produire, *sur une échelle qui peut s'étendre à volonté, le mouvement de la terre et des planètes avec autant de calme que celui qu'on admire dans la marche des corps célestes, est un avantage que l'on n'obtiendrait que très difficilement et à grands frais par la multitude de roues dentées et de pignons qui seraient indispensables pour arriver aux mêmes résultats.*

Enfin, le brevet d'invention et une gratification que Sa Majesté a daigné m'accorder, le dépôt du mécanisme uranographique fait à la Bibliothèque du Roi, à celle Mazarine et au Conservatoire des arts et métiers, les souscriptions dont la liste est ci-annexée, et le concours d'amateurs qui suivent mes séances uranographiques, prouvent combien les encouragemens d'un Gouvernement excitent à la fois l'émulation des artistes et provoquent la propagation des lumières dans toutes les classes de la société.

MOTIFS ET UTILITÉ

DU

MECANISME URANOGRAPHIQUE.

Conduire l'esprit sans le fatiguer, à la connaissance du système du monde, indiquer le nombre et les rapports des corps qui constituent ce système, développer les mouvemens qu'ils exécutent, démontrer les lois qui en règlent l'ordre admirable et éternel, rendre raison des effets et des phénomènes qui en résultent, et le désir ardent de propager les élémens ou plutôt les résultats de la plus sublime de toutes les sciences, l'Astronomie, tel est le but que je me suis proposé, en me livrant à l'exécution du mécanisme uranographique qui représente ce système en action.

Comme les astronomes n'écrivent en général que pour la classe des savans, ou pour les jeunes gens qu'un penchant naturel et toutes les facultés requises entraînent à le devenir, il s'ensuit que leurs livres, étant nécessairement remplis d'algèbre, de figures géométriques et de termes scientifiques, ne peuvent être compris que par un très-petit nombre de lecteurs; de sorte que les seuls adeptes, étant appelés à pénétrer dans le temple de la science, il en résulte que les explications, contenues dans ces précieux volumes sur les causes qui produisent les phénomènes célestes, s'y trouvent hermétiquement renfermées, parce qu'elles sont aussi inintelligibles à la généralité des lecteurs, que le sont pour tous les hommes les mystères en matière de religion. C'est ainsi qu'une lumière trop vive nous empêche de fixer les objets que nous apercevrions très-distinctement , s'ils étaient environnés de moins d'éclat.

Cependant l'expérience m'a démontré que depuis le Monarque jusqu'au simple berger, il n'est personne qui ne désire avoir au moins quelques notions claires et précises sur le spectacle de l'univers ; mais comme ces connaissances superficielles n'ont, en général, d'autre but et d'autre résultat que de satisfaire une louable curiosité de l'esprit, et qu'elles ne conduisent à la fortune et aux honneurs que dans des cas extrêmement rares, il n'est pas surprenant qu'on voie si peu de personnes se décider à en faire un travail et un objet de spéculation.

Pour propager ces notions et les rendre familières, il convient donc de les dépouiller de la théorie scientifique, de les exposer en action et dans un langage universellement entendu. Ce langage est celui des yeux. Quand l'effet et la cause qui le produit frappent simultanément les yeux, l'esprit superficiel, dégagé du fardeau des recherches, se trouve heureux et satisfait d'avoir acquis, sans peine et en peu de temps, des connaissances qui lui seraient à jamais restées ignorées, si, pour les obtenir, il eût fallu se livrer à des lectures abstraites et incompatibles avec ses facultés morales ou avec le genre d'occupation auquel il se livre.

Mais, parmi la foule des curieux bénévoles, il en est dont la simple vue d'un objet qui les frappe et les étonne, embrâse à l'instant leur génie assoupi , et des personnes que l'on juge incapables d'aucune conception , deviennent quelquefois , par de semblables circonstances, l'ornement de leur siècle et la gloire de leur patrie. Je pourrais citer plusieurs exemples qui attestent la vérité de cette assertion.

C'est donc en propageant les moyens de répandre les lumières dans le vulgaire, que l'on parvient à les multiplier et à augmenter le nombre des prosélites de la science. C'est ce motif , joint à une prédilection particulière pour l'astronomie, qui m'a conduit comme

par enchantement à la confection du mécanisme uranographique , ainsi qu'aux démonstrations publiques
que j'en fais dans mon établissement , et dont l'exposé
se trouve dans le présent ouvrage.

Je pense que ces motifs pourront servir de réponse
aux objections que l'on a pu et que l'on pourrait encore faire contre les planétaires dont les astronomes
n'ont assurément pas besoin. Mais parce qu'un très-
petit nombre de savans , dispersés sur quelques points
du globe , enseignent , dans toute son étendue , aux
frais des gouvernemens , la science qu'ils professent;
parce que leur loisir et leur aptitude leur permettent
de se livrer entièrement à l'étude et aux calculs des
mouvemens célestes , ne serait-il permis qu'à eux
seuls de parler de l'univers , d'en faire connaître et
ressortir les merveilles , d'en figurer les mouvemens,
et d'expliquer , par des moyens plus ou moins ingénieux , la cause des phénomènes qui résultent de la
variété de ces mouvemens ? Je suis convaincu , par la
complaisance de plusieurs à m'aider de leurs conseils
et de leurs lumières , qu'il n'est jamais entré dans la
pensée d'aucun d'eux de s'arroger un tel privilége , ni
qu'ils voulussent forcer à la lecture de leurs livres et
sous peine d'être condamné à une éternelle ignorance,
quiconque désire , en peu d'instans et par manière de
délassemens , ajouter à ses connaissances acquises
celles du système du monde.

Ce n'est donc ni pour les astronomes , ni pour les
mathématiciens que je me suis livré aux combinaisons
du mécanisme uranographique et à la composition de
cet opuscule ; ni l'un ni l'autre , ne leur apprendrait
rien qu'ils ne savent beaucoup mieux que moi. C'est
pour une classe plus nombreuse , et qui , bien que
moins savante , n'en est pas moins estimable ; c'est
pour un grand nombre de maîtres qui enseignent les
élémens d'astronomie dans les écoles primaires de
l'Europe , auxquels le défaut d'un Planétaire ou
d'autres moyens de se rendre intelligibles à leurs
élèves , rendent leurs leçons peu fructueuses ; c'est enfin

fin pour la multitude , ainsi que pour les jeunes gens qui ont besoin d'un moyen facile, agréable et curieux pour les faire arriver au but qu'on se propose à leur égard, que le mécanisme et mes séances uranographiques , ainsi que cet ouvrage , sont rendus publics.

Puissent mes efforts, en contribuant à la propagation des lumières , servir aussi à élever les cœurs à l'adoration de l'Etre infini, dont l'existence et le pouvoir suprême se manifestent à chaque instant dans le cours harmonieux des innombrables globes dont sa main créatrice a peuplé l'univers !

Extrait du Moniteur *du* 19 *Janvier* 1816.

Paris , le 18 janvier 1816.

Le 17 de ce mois, M. Charles Rouy a eu l'honneur de présenter au Roi un mécanisme uranographique portatif, qu'il a inventé et construit pendant son séjour à Milan. S. M. a daigné prendre intérêt à cette utile invention qu'elle a bien voulu honorer du nom d'*Admirable*, à cause de la facilité des démonstrations évidentes qu'elle produit du véritable systême du Monde.

Les mouvemens diurne et annuel de la Terre, le parallélisme de son axe, l'ellipse qu'elle décrit autour du soleil pour produire le périhélie et l'aphélie, la station et la rétrogradation des planètes, ont particulièrement fixé l'attention du Roi, qui, après les expressions les plus flatteuses et les plus encourageantes pour M. Rouy, a daigné agréer l'hommage de ce beau mécanisme, et a ordonné comme un témoignage de sa satisfaction, qu'il soit déposé à la Bibliothèque royale.

Le premier Gentilhomme de la Chambre du Roi,
à M. Ch. Rouy.

Le duc de Rohan se fait un plaisir d'apprendre à

M. Rouy que le Roi veut bien lui permettre de mettre son nom en tête de la souscription qu'il va ouvrir pour la propagation de son mécanisme uranographique.

Le duc de Rohan saisit cette occasion pour assurer M. Rouy de sa parfaite considération.

Aux Tuileries, ce 2 février 1816.

DISCOURS

Prononcé par l'Auteur du Mécanisme Uranographique, en le présentant à l'Institut Royal de France, le 13 juin 1814.

MESSIEURS,

Des événemens particuliers auxquels je dois l'honneur que vous m'accordez en ce moment de faire entendre ma voix aux pères des sciences, des lettres et des beaux arts, m'ayant fait établir dans la capitale de l'ex-royaume d'Italie une maison d'éducation où l'étude de la Cosmographie faisait partie de l'enseignement, je ne tardai point à sentir le besoin d'un mécanisme qui, en parlant aux yeux de mes Elèves, pût frapper leur esprit en même temps qu'il exciterait le développement de leur imagination, pour arriver à la connaissance positive du système du Monde.

C'est en donnant mes leçons que j'ai vivement senti combien est juste l'observation d'*Horace*, non-seulement dans le fait des passions, mais encore dans les objets d'entendement :

> *Segniùs irritant animos demissa per aures*
> *Quam quæ sunt oculis subjecta fidelibus.*

En effet, Messieurs, si des instrumens sont indispensables aux professeurs de physique, de chymie, etc., un bon planétaire n'est-il pas d'une utilité semblable, pour les démonstrations élémentaires des phénomènes célestes? Et sans un mécanisme particulier, les démonstrations les plus savantes et les raisonnemens aussi pénibles pour le professeur le plus éloquent que fatigant pour les élèves, parviennent difficilement à faire comprendre aux jeunes gens et aux personnes

2 *

qui n'ont point de notion des mathématiques, ce que c'est que l'inclinaison de l'axe de la Terre au plan de son orbite, la conservation du parallélisme de ce même axe pour produire les saisons, etc.

C'est d'après ces considérations que, sans être mécanicien, au milieu des soins assidus qu'exige une réunion de jeunes gens, aidé par quelques faibles connaissances des principes de la science, et surtout excité par l'ardent désir de faire une chose utile, je consacrais le jour à ma classe, et la nuit aux combinaisons et à l'exécution du mécanisme que j'ai l'honneur, Messieurs, de soumettre à votre examen.

Je ne vous dissimulerai point, Messieurs, qu'en ma qualité de Français, c'était à ma patrie que je desirais faire le premier hommage de ce résultat de mes veilles et de ma persévérance ; mais un concours de circonstances s'est opposé à l'accomplissement de ce vœu ; et si quelque chose a pu adoucir mes regrets à cet égard, c'est l'adoption qui en a été faite pour les lycées et les établissémens d'éducation de l'ex-royaume d'Italie, d'après les rapports avantageux qui en furent faits par Messieurs les astronomes et mécaniciens de Milan, et d'après les ordres de S. A. S. le prince Eugène Beauharnais, alors vice-roi, auquel j'eus l'honneur de le présenter.

Je ne vous dissimulerai pas non plus, Messieurs, qu'à l'époque où je me suis livré à l'exécution de ce mécanisme, je n'ignorais pas que des hommes d'un mérite infiniment supérieur au mien avaient enrichi la France, l'Angleterre, l'Allemagne, et même l'Italie, d'un certain nombre de planétaires plus ou moins parfaits, soit dans l'exécution, soit dans la représentation des phénomènes ; mais je savais aussi que l'imperfection des uns et le prix nécessairement trop élevé des autres, en rendaient l'usage peu commun. J'ai donc cherché les moyens d'en construire un qui, par le volume, l'exactitude, la simplicité, l'élégance et l'économie, pût devenir la propriété de quiconque cultive, professe ou protége les sciences et les arts.

C'est à vous, Messieurs, qu'il appartient de décider si j'ai atteint le but que je me suis proposé. Si ce fruit de mes longues veilles obtient votre approbation, mes vœux seront remplis. Si, au contraire, vous le jugez sans utilité, je ne dirai pas aux progrès de l'astronomie, puisqu'il n'y peut rien, mais aux instituteurs de la jeunesse, et aux personnes à qui une représentation satisfaisante des phénomènes célestes peut suffire, j'ose espérer du moins trouver dans votre indulgence la consolation d'avoir consacré une portion de ma vie à la recherche des moyens d'élaguer quelques-unes des ronces qui rendent si difficiles les sentiers qui conduisent aux sciences et aux arts.

Ce discours a été suivi de l'examen du mécanisme, par Messieurs les astronomes Delambre, Burckart, Bouvart et Arago, qui, en applaudissant à son exécution, ont pensé que les deux rapports faits par Messieurs les astronomes de Milan contiennent une description suffisamment détaillée dudit mécanisme, ainsi que de son utilité, ce qui, pour cette raison, rend le leur superflu.

(*Voyez l'avertissement sur cette seconde édition.*)

Extrait des Rapports de MM. les Astronomes de Milan à M. le Comte VACCARI, *Ministre de l'Intérieur de l'ex-Royaume d'Italie.*

EXCELLENCE,

Le mérite principal que nous avons remarqué dans le Mécanisme de M. Rouy, sur lequel Votre Excellence demande notre avis, est celui de la simplicité et de l'économie, combinées avec une représentation satisfaisante des principaux phénomènes du système planétaire.

Entre ceux-ci, on remarque le mouvement annuel

de la Terre autour du Soleil , et en même temps la révolution diurne autour de l'axe , le parallélisme de ce même axe conservé dans tous les points du mouvement, d'où l'on voit la différence des saisons et l'inégalité des jours et des nuits.

L'auteur a trouvé l'ingénieux moyen de combiner le mécanisme de la Terre avec celui destiné à conserver le parallélisme de l'axe de manière à lui faire décrire un épicycle , d'où il résulte que le centre de la Terre se trouve successivement à diverses distances du Soleil , et en représente le périhélie et l'aphélie dans les points convenables.

Tandis que la Terre accomplit sa révolution autour du Soleil, la Lune se meut autour de la Terre , et y produit autant de révolutions qu'il y a de lunaisons dans une année.

Par ce mouvement , les phases de la Lune et les éclipses sont assez bien représentées.

Outre ces mouvemens, qui sont les plus intéressans , l'auteur y a ajouté la rotation du Soleil sur son axe, par lequel l'apparition et la disparition des taches se trouvent représentées ; et il y a semblablement adapté les mouvemens de Mercure et de Vénus, proportionnés au temps de leurs révolutions respectives, d'où on voit la raison des apparences de leurs élongations, tantôt le matin, tantôt le soir, des rétrogadations , des passages sous le Soleil , etc.

Les autres planètes , avec leurs satellites , une comète dans sa parabole, n'ont point de mouvement dépendant du mécanisme précédent ; mais chacune est placée, par le professeur , suivant la position où elle se trouve dans le ciel au temps donné.

Cela considéré , nous pensons que M. Rouy , par son talent, avec les justes principes de la science , et par sa persévérance dans les essais, a réussi à rendre son mécanisme simple , portatif , économique , d'un usage commun et tout à la fois satisfaisant dans la représentation des phénomènes célestes. C'est pourquoi nous sommes d'avis qu'il serait très-utile et très-convenable dans les lycées et dans les établissemens d'éducation.

Nous avons l'honneur de renouveler à Votre Excellence les sentimens de respect et de l'estime la plus distinguée.

Signé ORIANI, CESARIS.

Milan, 2 février et 13 mars 1812.

*Le Ministre de l'intérieur, à M. Charles Rouy,
à Milan.*

Milan, le 20 août 1812.

Je me fais un plaisir de vous transmettre, Monsieur, un exemplaire du Procès-Verbal de la distribution des prix établis par les lois des 9 septembre 1805 et 15 novembre 1811, exécutée le 15 du courant.

En partageant avec vous la satisfaction de voir dans cet acte solennel rappeler votre nom avec cet honneur qui est dû à vos talens, je me trouve heureux de vous attester mon estime distinguée.

Signé VACCARI.

SOCIÉTÉ D'ENCOURAGEMENT POUR L'INDUSTRIE
NATIONALE.

*Extrait du Procès-Verbal de la séance ordinaire
du mercredi 13 mars 1816.*

Au nom du comité des arts mécaniques, M. Molard lit le rapport suivant.

Le mécanisme uranographique que M. Rouy a mis sous les yeux des membres de la Société d'Encouragement, a principalement pour objet de faciliter l'explication du système de Copernic.

Nous nous étions proposé de décrire avec quelques détails les dispositions particulières de ce mécanisme; mais nous nous sommes bientôt aperçus qu'il était impossible d'en donner une idée exacte sans le concours du modèle ou d'un dessin ; et comme l'auteur est dans l'intention de profiter des lois qui consacrent la propriété des inventions, ce double motif fait que nous nous bornerons ici à rendre compte des effets du mécanisme soumis à notre examen.

En tournant une manivelle qui sert de premier moteur, on produit 1°. le mouvement de rotation du Soleil sur son axe, pour montrer l'apparition et la disparition des taches ;

2°. Le mouvement de Mercure autour du Soleil;

3°. Celui de Vénus autour du même astre ;

4°. Le mouvement diurne de la Terre sur son axe incliné de vingt-trois degrés et demi.

Son mouvement annuel dans une orbite qu'elle décrit autour du Soleil , en conservant toujours le parallélisme de son axe, pour montrer de quelle manière s'effectue l'inégalité des jours et des nuits , et par conséquent la variété des saisons.

Je crois devoir ajouter que le mécanisme particulier qui sert au mouvement de la Terre , est disposé de manière à lui faire décrire un épicycle, et à produire le périhélie et l'aphélie dans les points naturels du ciel , c'est-à-dire aux deux solstices. Le moyen qui produit cet effet a été mis au nombre des conceptions heureuses, par les astronomes de Milan, qui ont fait un rapport sur l'invention de M. Rouy.

5°. Tandis que le mouvement diurne et annuel de la Terre s'effectuent, la Lune, qui accompagne la Terre , fait ses révolutions dans une orbite inclinée ; ce qui donne la facilité d'expliquer et de faire comprendre les phénomènes des phases et des éclipses , et pourquoi ces dernières n'ont pas toujours lieu dans les conjonctions et oppositions , ou dans les nouvelles et pleines lunes, et pourquoi aussi elles ne sont visibles que pour certains lieux de la Terre.

Les autres planètes et leurs satellites, qui forment le complément du système solaire, sont disposées de manière à se transporter à la main, à l'effet de représenter l'état du ciel pour chaque jour donné.

M. Rouy se sert d'un mécanisme à la fois simple et ingénieux pour rendre sensible à l'œil l'apparence des stations et rétrogradations des planètes, phénomène assez curieux.

Le Soleil est représenté par une lumière placée au centre d'un cristal dépoli, qui produit un très-bon effet.

Pour atteindre plus complètement le but qu'il s'est proposé, l'auteur vient d'ajouter à son mécanisme uranographique, le mouvement de rotation de Vénus sur son axe, dans une orbite inclinée de manière à représenter le phénomène rare et difficile à observer du passage de cet astre sous le soleil (1). Il vient également d'ajouter le mouvement d'une comète dans sa parabole, disposé de manière à couper l'orbite de plusieurs planètes, ce qui sert à démontrer la possibilité de la rencontre de deux de ces corps célestes.

Avant de terminer ce rapport, nous croyons devoir ajouter que M. Rouy est parvenu à produire tous les mouvemens que nous venons d'expliquer, sans faire usage de roues dentées et pignons employés par divers mécaniciens, pour produire les mêmes effets; ce qui le met à portée d'établir son mécanisme à un prix très-modéré; et comme ce mécanisme n'exige aucun frais d'entretien, et que le transport en est facile, il est bien à présumer qu'il deviendra tout à la fois d'un usage commun et satisfaisant dans la représentation des phénomènes célestes, ainsi que l'ont annoncé les astronomes de Milan, dans un rapport que M. Rouy a mis sous les yeux du Conseil.

Pour copie conforme.   C. P. DELASTEYRIE,
vice-président.

____

(1) Depuis ce rapport, j'y ai aussi ajouté le mouvement de rotation de Mercure dans son orbite, convenablement inclinée ; ce qui produit des effets d'une vérité surprenante.

Extrait du Moniteur, du 29 Mai 1816.

Le zèle constant que SA MAJESTÉ met à encourager les auteurs de découvertes ou de perfectionnemens utiles dans les sciences et les beaux arts, nous fait un devoir de rendre compte à nos lecteurs de la satisfaction que nous avons éprouvée il y a peu de jours en assistant à une séance des démonstrations que fait M. Charles Rouy, dans son *Muséum uranographique*, sur le mécanisme qu'il a eu l'honneur de présenter à notre savant Monarque, et pour lequel il vient d'obtenir pour quinze ans, et à titre d'encouragement, le brevet d'invention.

Le procédé ingénieux par lequel cet artiste modeste a su rendre sur son mécanisme tous les phénomènes de notre univers, lui mérite à juste titre les éloges qu'il a obtenus du Roi, et ceux qui lui ont été prodigués en notre présence par la Société savante et aussi distinguée que nombreuse dont il était environné, éloges qu'en notre particulier nous nous plaisons à lui renouveler.

Au moyen de ce mécanisme, dont l'élégance peut se servir comme un meuble d'ornement, M. Rouy démontre avec autant de clarté que de précision, les diverses causes des phénomènes célestes; il résout facilement toutes les difficultés, et répond judicieusement à toutes les objections.

L'œil étonné suit sur le mécanisme uranographique, et comme par enchantement, les corps célestes qui semblent suspendus dans l'espace, et dont les mouvemens respectifs produisent avec tant de vérité la représentation des phénomènes que les astronomes seuls ont le privilége de voir en réalité, que les personnes les moins instruites peuvent à l'instant même en saisir la cause et les effets. Mais ce qui nous a paru le plus surprenant, c'est l'obliquité que l'auteur est parvenu à donner aux orbites planétaires, et dont la conception et l'exécution nous semblent très-heureuses.

Nous ajouterons qu'en faisant faire à la Terre un

mouvement elliptique autour du Soleil, pour produire le périhélie et l'aphélie; et en représentant par un procédé aussi simple qu'étonnant les apparences bizarres des stations et des rétrogadations des planètes, M. Rouy semble avoir trouvé la solution de deux problêmes mécanique et astronomique.

La démonstration de M. Rouy est si claire, que trois ou quatre séances suffisent pour mettre les gens du monde à portée de comprendre le systême de l'Univers, mieux qu'ils ne pourraient le faire en plusieurs mois d'études isolées. Nous conseillons aux directeurs d'établissemens d'éducation et généralement à toutes les personnes qui, en peu de temps et à fort peu de frais, voudraient acquérir sur ce sujet des connaissances positives et durables, d'assister non-seulement aux démonstrations uranographiques de M. Rouy, mais de se procurer son mécanisme, ainsi que la description qu'il vient d'en faire imprimer et qu'il a eu l'honneur de dédier et de présenter à SA MAJESTÉ.

Extrait des Annales politiques, morales et littéraires, du Dimanche, 20 Octobre 1817.

MÉCANISME URANOGRAPHIQUE, présenté à SA MAJESTÉ Louis XVIII, et destiné aux Etablissemens d'éducation, etc.

Par CHARLES ROUY, *Professeur d'astronomie.*

L'objet du *Mécanisme* de M. Rouy étant de répandre les connaissances cosmographiques, et le Roi ayant daigné prendre intérêt à son invention, en autorisant l'auteur à en déposer des modèles dans les grandes bibliothèques, nous nous empressons d'appeler l'attention des lycées, des colléges, des maisons d'éducation, etc., sur ce mécanisme aussi simple qu'ingénieux, qui montre et développe d'un coup d'œil ce qu'aucune description, même figurée, ne peut rendre, ce que des sphères surchargées de cercles ne sauraient représenter; ce que des machines trop compliquées n'offriraient point avec la même économie et la même clarté.

Le dépôt du *Mécanisme uranographique*, à la bibliothèque du Roi, rappelle, après un siècle et demi, les planétaires du P. Nic. de Harrouis (dans le nom duquel il est assez singulier que se rencontre celui de M. Rouy). Ces planétaires au nombre de cinq à six, un pour chaque système, y compris celui de Copernic, avaient chacun neuf à dix pieds de diamètre. Ce sont les plus grands qu'on ait exécutés. On les voyait en 1678, au collége de Louis-le-Grand. Ils ont été décrits par le P. Garnier : l'on ignore ce qu'ils sont devenus. Dans le cours d'un demi-siècle parurent ensuite plusieurs planétaires, plus ou moins réguliers ; celui de Roëmer, présenté à l'Académie en 1680 ; l'*automate* de Huygens, en 1704 ; une sphère qui se mouvait au moyen d'une pendule, par J. Pigeon, présentée au Roi en 1706 ; elle avait dix-huit pouces de diamètre. Mais, vers 1720, le célèbre horloger Graham exécuta, pour le comte d'Orrery, un planétaire plus parfait qu'aucun de ceux qu'on avait entrepris jusqu'alors. Sur ce modèle, des instrumens semblables, connus encore aujourd'hui sous le nom d'*Orrery* se sont multipliés, et se trouvent en Angleterre dans tous les cabinets de physique. David Senning, a publié en 1752 une introduction à l'usage de ces sphères ; elle est citée par Lalande dans sa bibliographie astronomique. Une des plus riches machines de ce genre a été celle que lord Marcartney porta en présent à l'empereur de la Chine. Mais elle n'était pas de fabrique anglaise, quoique donnée pour telle, ce qui attira des désagrément à l'ambassade. L'auteur était allemand ou hollandais.

En France, l'abbé Nollet s'est occupé de simplifier les machines uranographiques ; et l'on peut regarder comme des perfectionnemens du même genre, la *sphère à lanterne*, de l'abbé Grenet, décrite dans sa *Géographie ancienne et moderne*, 1788, in-12 ; la *sphère mouvante*, offerte par M. Janvier, à l'exposition de l'an X (1802), et qui lui valut une médaille d'or ; les *sphères* de M. Loisel, décrites dans ses *Leçons d'un père à son fils*, Paris, 1805 , et faisant voir à l'œil la précession des équinoxes, qu'aucune machine n'avait encore montrée. M. de la Marche, ingénieur mécanicien, construit depuis long-temps, à Paris, des planétaires dans le genre des Orréris anglais ; et M. Jambon vient encore d'annoncer tout récemment sa machine géocyclique. Mais en général, le prix un peu élevé de ces instrumens, destinés au commerce, a empêché qu'ils ne devinssent d'un usage commun. Ils sont, à raison des pignons et des roues dont leur systême est formé, sujets, comme les pendules, à des réparations coûteuses. Les moyens, aussi compliqués que les résultats, font que les mouvemens, exécutés par des moteurs différens, y sont successifs et non simultanés (1).

Le *Mécanisme uranographique* de M. Rouy produit, au contraire, les effets les plus divers avec les moyens les plus simples. Les révolutions diurne et annuelle de la terre, l'ellipse qu'elle décrit autour du Soleil, en conservant le parallélisme de son axe, les révolutions de Mercure et de Vénus, le mouvement de la Lune autour de la Terre, la rotation du Soleil sur son axe, etc. , s'exécutent par un même mécanisme, c'est-à-dire, par un jeu de poulies mues par des fils de soie au moyen d'une manivelle. Les autres planètes extérieures avec leurs satellites n'ont pu, à cause de leur trop grand éloignement du centre de la machine, avoir un mouvement dépendant de ce mécanisme : mais chacune peut, d'après la *Connaissance des temps* , être placée dans la position véritable où elle se trouve, pour un jour donné. Cependant le mouvement parabolique d'une comète dont le cours peut couper l'orbite des planètes mues par le même mécanisme, s'y rattache à volonté. Par

---

(1) Nous avons cru qu'on lirait avec intérêt cette courte notice historique sur les planétaires, que M. Rouy eût mieux donnée sans doute dans sa *Description* imprimée, où on regrette de ne pas la trouver. (*Note de l'Auteur de l'article.*)

le mouvement général des planètes qui s'exécute dans des orbites inclinées, les divers phénomènes de l'inégalité des jours et des nuits, des diverses saisons, des phases, des éclipses, sont rendus sensibles sur le globe de la terre, éclairé par une lumière placée au centre de la sphère solaire ; et le midi de chaque pays est indiqué par une aiguille qui correspond au point du globe où le rayon du soleil tombe perpendiculairement. La disposition d'où résulte la courbe elliptique décrite par la Terre dans le cercle où elle se meut, a été remarquée comme une conception très-heureuse ; et l'on regarde aussi comme l'une des plus ingénieuses, celle qui offre les stations et les rétrogradations apparentes des planètes, au moyen d'un appareil qui s'adapte au même mécanisme, et qui consiste dans une longue aiguille, dirigée d'une planète à l'autre, et dont la pointe est tantôt stationnaire, et tantôt rétrograde, tandis que ces planètes continuent de suivre leur cours respectif.

La simplicité du mécanisme qui opère tous ces effets, et qui a permis à l'artiste de le porter à un prix assez modéré pour les moindres dimensions, en rend l'usage facile et commode dans la représentation des phénomènes célestes. Nos principaux astronomes, MM. Delambre, Burckart, Bouvard et Arago, qui l'ont examiné, ont applaudi à son exécution, en partageant les motifs du rapport des astronomes de Milan, qui ont jugé son adoption utile dans les lycées et dans les établissemens d'instruction publique. L'approbation que M. Rouy a obtenue de Sa Majesté, y donne un nouveau poids, et ajoute, aux modèles déposés, une valeur d'autant plus précieuse, que le nom du Roi, en tête de la souscription ouverte, devient un puissant exemple pour ceux qui cultivent la science, et un grand encouragement pour l'artiste qui la propage.

GENCE.

INTRODUCTION

A LA CONNAISSANCE DE L'UNIVERS.

Il n'y a pas lieu d'être surpris si les premiers hommes qui portèrent leurs regards vers la voûte céleste, frappés du spectacle immense de corps lumineux , si nombreux , de diverses grandeurs , et tous dans un mouvement apparent à l'égard de l'observateur, commencèrent à penser et à tenir pour certain que cet appareil infini des cieux ait été destiné par la main créatrice à l'ornement et à l'utilité de cette Terre qui seule leur paraissait immobile au milieu de tant de globes qui leur semblaient errer autour d'elles.

Mais l'erreur se découvrant par degrés , et la progression des temps augmentant les observations et les connaissances astronomiques , cette première idée dut bientôt s'affaiblir ; et à mesure que l'immensité s'agrandissait aux regards observateurs , la Terre diminuait à leurs yeux.

C'est à l'effet de rectifier et d'éclaircir ces premières idées, autrefois très-obscures, que sont rédigés les élémens les plus généraux et les plus certains de cosmographie que nous allons exposer. Ils suffisent pour nous désabuser sur les apparences, et nous faire marcher d'un pas sûr et facile à la connaissance du véritable système de l'Univers, bien plus digne de la sagesse infinie du Créateur, que l'orgueilleux habitant de la terre ne se l'est figuré pendant nombre de siècles.

Commençons d'abord par considérer la Lune. Son volume paraît à nos yeux égaler celui du Soleil, quoique ce dernier soit environ cent millions de fois plus gros que celui de la Lune. La raison de cette égalité apparente, et si inégale en réalité, est facile à concevoir. Chacun peut réfléchir et comprendre de suite que plus un corps est éloigné, plus il paraît petit ; plus il est rapproché, plus il semble grand.

L'astronomie nous ayant appris que la distance de la Terre à la Lune est de quatre-vingt-six mille lieues, et celle de la Terre au Soleil, de plus de trente-quatre millions de lieues; de cette énorme différence dans les distances dérive l'égalité apparente dans les volumes, quoique celui du Soleil soit si supérieur à celui de la Lune.

En portant nos regards au-delà de l'orbe du Soleil, nous découvrons dans le ciel onze globes errans qui ressemblent à la Terre, puisqu'ils sont vus tourner sur eux-mêmes et autour du Soleil. Autour de quatre de ces onze globes, on en voit dix-huit autres plus petits qui, par leurs formes, leurs phases et leur mouvement, ressemblent à la Lune. De temps à autres, on y découvre aussi un troisième genre de corps célestes, appelés *comètes*, dont les lois sont peu connues, et dont il est à présumer que le nombre restera éternellement ignoré

Ces onze premiers globes, semblables à la Terre, sont appelés planètes, et la terre elle-même n'est qu'une planète parmi les autres.

Les dix-huit autres corps qui ressemblent à la Lune, sont nommés *satellites*, et la Lune, parmi eux, est aussi un satellite , parce que comme elle accompagne toujours la Terre qui est sa planète, de même les autres suivent leurs planètes respectives, comme nous le verrons ci-après. L'ensemble de toutes ces planètes , avec leurs satellites , occupe dans l'espace un intervalle de plus de quatre milliards cinq cent millions de lieues. Les diverses distances qui ont lieu dans cette presque inconcevable étendue , sont la raison pour laquelle la majeure partie de ces corps est imperceptible à l'œil nu, et pour laquelle encore plusieurs, quoique considérablement plus gros que la Terre , ne nous paraissent dans le ciel que comme des points lumineux semblables aux étoiles.

En donnant plus d'essor à nos regards audacieux , ils semblent pénétrer dans une immense voûte azurée, où nous apercevons un nombre infini d'étoiles que nous trouvons et nommons *fixes* , à cause de la position et de la distance invariables qu'elles conservent les unes à l'égard des autres, tandis que les planètes, quoique confondues en apparence avec les étoiles , se font distinguer par le mouvement et leur changement de position.

Il résulte des observations célestes , qu'un intervalle immense sépare la région habitée des planètes et leurs satellites , de la sphère des premières étoiles fixes ; qu'à cette sphère en succède une autre , une autre à celle-ci, et ainsi à l'infini.

D'après ces très-faibles données , on peut aisément déduire combien était et est erronée l'idée matérielle de supposer que le Ciel est une immense voûte solide, dans laquelle les étoiles sont fixées comme des clous sur le bandage d'une roue, ou comme des nœuds sur le tronc d'un arbre.

Les étoiles, ainsi que le Soleil, la Terre, la Lune, les planètes et toutes les comètes, sont libres dans l'espace, et chacun de ces innombrables globes exécute et continue les divers mouvemens qui leur furent imprimés par la volonté du Créateur qui en régla les immuables lois. Ce qui, dans un temps serein, paraît à nos yeux comme une voûte d'azur, n'est que l'incommensurable espace, le pur étherée placé entre nos yeux et les étoiles, comme entre nous et la Lune les vapeurs de la Terre se condensent en nuages.

Dans une des plus belles nuits d'hiver, l'œil nu ne peut découvrir au-delà de treize cents étoiles ; mais à l'aide d'un bon télescope, il voit clairement qu'on peut supposer qu'il en existe des millions de millions, de manière que ce n'est point une hyperbole de comparer les étoiles du ciel, quant à leur innumérabilité, aux grains de sable de la mer. Quelle doit donc être la distance des corps célestes qui, malgré leur grosseur, restent cependant invisibles à nos yeux !

Il est peu de personnes qui ne connaissent sous le nom de *Canicule* cette belle étoile que les astronomes appellent *Sirius*, et que nous voyons briller sur notre hémisphère pendant une très-grande partie de l'hiver. Cette étoile, que l'on considère comme la plus rapprochée de la terre, en est cependant éloignée,

d'après les calculs les plus approximatifs, de plus de
six millions de millions de lieues.

Si, à une distance de trente-quatre millions de
lieues, le Soleil, quoique quatorze cent mille fois
plus volumineux que la Terre, nous paraît tel que
nous le voyons, il est certain que cette grandeur
apparente diminuant en raison de la distance, s'il
était observé de l'étoile de Sirius, il paraîtrait infé-
rieur à cette étoile vue de la Terre, et serait cru
lui-même n'être qu'une simple étoile.

Ce soleil qui, à cause de sa lumière resplen-
dissante et majestueuse, est par nous appelé, avec
raison, l'ame et le flambeau de notre Univers, n'est
cependant, à l'égard de plusieurs millions d'étoiles,
qu'une étoile lui-même. Chaque étoile est donc probablement un soleil brillant d'une lumière qui lui est
propre, et qui, pour n'être pas inutile, doit servir,
ainsi que celle du nôtre, à éclairer des globes où la
vie et le mouvement doivent régner comme sur la
terre. Il est donc permis de penser que chaque étoile
est le centre d'un Univers, ou au moins d'un système
complet de corps qui lui appartiennent, et qui se
rapproche plus ou moins de notre système solaire.

C'est ainsi qu'à l'aide de ces grandes et sublimes observations, on découvre l'irraisonnable et futile idée
des premiers hommes et du vulgaire ignorant, d'après
laquelle ce serait pour nous seuls que la création serait restreinte et limitée dans un théâtre d'univers infi-
nis, composé de soleils et de mondes parmi lesquels le
nôtre n'est qu'un atome, et pour l'énumération des-
quels la science du calcul serait peut-être insuffisante.

3*

Il serait donc absurde et contraire à l'idée que nous avons de la puissance infinie du Créateur, de penser que pour nous habitans de la Terre, ont été créés et mis en mouvement, comme pour nous servir de spectacle, cette immense série de globes, connus d'ailleurs d'un si petit nombre d'hommes : ne serait-ce pas avec raison et avec le même droit que chaque habitant d'un autre globe, se croyant le centre immobile d'une circonférence immense de corps en mouvement, qui la peuplent, se croirait le point central, le but unique que l'Auteur de la Nature a eu particulièrement en vue dans la création ?

Pour donner encore plus de consistance et de développement à l'idée qui doit détruire celle de la prétendue immobilité de la Terre, et de la ridicule et ambitieuse supposition que tout existe pour elle, considérons que tous les corps célestes observés par les astronomes ont un mouvement qui est propre à chacun d'eux ; que leur vélocité est en raison de la distance de leur centre ; que leur tendance, leur direction, leur forme, les élémens dont ils sont composés, leur agitation continuelle et parfaite ; que tout, en un mot, démontre une destination et une fin toute particulière.

Est-il raisonnable maintenant de placer au milieu d'un appareil aussi infini et aussi admirable de corps en mouvement, un atome qui seul serait immobile, et le centre commun de tous ces globes qui sont presque tous d'un volume et d'une masse considérablement supérieurs au sien ?

Je conclurai eu rapportant la sublime expression

de l'ancien Timeo de Locre , attribuée au moderne Pascal :

L'Univers est une sphère immense, dont le centre est partout , la circonférence nulle part.

Ces indices généraux doivent suffire à notre entendement : il sera facile à quiconque désire encore mieux élever son esprit à la grandeur et à la majesté de ces idées, de le faire en lisant quelques-uns des ouvrages imprimés sur ce sujet , mais particulièrement les dialogues aussi ingénieux qu'instructifs et divertissans du célèbre *Fontenelle* sur la pluralité des Mondes.

DE LA FORME

ET DU MOUVEMENT

DE LA TERRE.

LES preuves de la forme globulaire et du mouvement de la Terre sont si multipliées, par les observations astronomiques et par la navigation; et les
livres qui traitent de ces deux sciences en contiennent un si grand nombre, que je me bornerai, dans
cet opuscule, à en citer seulement quelques-unes
des plus faciles à saisir, et qui, par leur simplicité,
sont à la portée des personnes les moins versées dans
l'une comme dans l'autre de ces sciences.

Je ne parlerai donc ici ni de la manière de s'assurer de la rondeur de la Terre par l'observation
des étoiles qui s'abaissent ou s'élèvent à l'horizon,
suivant la direction que suit l'observateur, ni des
moyens par lesquels on est parvenu à mesurer la
circonférence de ce globe, et à s'assurer de son
mouvement de rotation par l'applatissement de ses
pôles, etc., etc. Je n'ai point la volonté, et encore moins le talent de faire un traité d'astronomie; et j'ai aussi peu le désir d'entrer dans les calculs et les raisonnemens scientifiques qui ne pourraient intéresser que les savans, à qui, loin d'apprendre quelque chose, je suis redevable du peu
que j'ai acquis : les résultats seulement peuvent sa-

tisfaire la curiosité de l'immense majorité des lecteurs, dont l'insouciance ou d'autres motifs exigent qu'un auteur précipite le dénouement de son ouvrage, sans avoir égard aux difficultés d'y parvenir.

La concavité du Ciel et la convexité de la Terre sont confirmées par toutes les personnes qui, même sans avoir été en pleine mer, ont pu voir un vaisseau sortir du port et s'éloigner du rivage. Conformément aux lois de l'optique, à mesure que la distance qui sépare ce vaisseau du port augmente, son volume diminue ; mais on le voit s'abaisser peu à peu, jusqu'à ce que la courbe qu'il décrit forme un arc suffisant pour que l'observateur, placé sur le rivage, n'aperçoive plus que les mâts, qui finissent aussi par disparaître à ses yeux, qui croient voir le corps entier du bâtiment se perdre dans l'onde ou s'abaisser sous l'horizon, ainsi que le Soleil nous paraît le faire à son coucher.

Les mêmes effets se produisent aux yeux des personnes qui se trouvent à bord du vaisseau : les parties les plus basses de la Terre, quoique d'un volume très-considérable, sont les premières dont la disparition se fait à leur égard, tandis que les sommités, les tours, les clochers, etc., restent encore long-temps exposés à leur vue, et surtout à celle du marin, que son devoir ou la curiosité appelle au haut du mât.

On se trompe, en croyant que ces effets ne son, dus qu'à l'intervalle qui sépare le bâtiment du rivage, et dont l'éloignement, suppose-t-on faussement, suffit pour produire ces phénomènes. L'optique nous apprend que de deux objets placés à la même distance,

le plus petit échappe à notre vue, quand le plus gros
nous reste encore visible. A mesure qu'un ballon
s'élève de la Terre dans l'atmosphère, on perd de
vue d'abord les voyageurs aériens, et ensuite la frêle
nacelle qui les contient; mais le ballon reste confusé-
ment aperçu, jusqu'à ce que se précipitant dans les
nuages ou par une distance disproportionnée à notre
vue, il nous devient totalement invisible. Les mâts
d'un vaisseau étant moins volumineux, et présentant
une surface infiniment moindre que le corps du bâtiment, devraient donc, dans cette supposition, disparaître les premiers, puisqu'ils sont adhérens au
vaisseau et à la même distance. Il en est de même
dés tours, etc. Puisque le contraire arrive, ce n'est
donc point l'éloignement qui produit ces effets, mais
bien la courbe que décrit le vaisseau sur la surface
arrondie des eaux de la mer.

Cet exemple doit suffire pour faire concevoir que
si les îles, les écueils, les continens, etc., ne s'oppo-
saient à la marche constante d'un vaisseau dans la
même direction, il finirait par décrire un cercle entier, et rentrer dans le même port par un chemin
opposé à celui par où il en serait sorti. C'est ce qui
est arrivé à tous les navigateurs qui, depuis *Magellan*
jusqu'à *Baudin*, ont entrepris le voyage autour du
Monde.

Ayant ainsi acquis la preuve que la Terre a la
forme d'un globe suspendu librement dans l'espace,
et environné de toutes parts par le Ciel, il nous reste
à examiner si ce globe est dans un état d'immobilité
réelle ou purement apparente.

Si la Terre est immobile, il faut que tout ce qui l'environne, Soleil, planètes, étoiles, en un mot l'Univers entier, tournent autour d'elle.

Dans cette supposition, la structure de l'Univers serait d'une telle complication que la raison humaine aurait peine à concevoir qu'elle soit l'œuvre de la sagesse éternelle, et cette complication pourrait peut-être excuser ce mot si fameux du célèbre astronome Alphonse, roi de Castille : « *Que si Dieu l'avait consulté quand il a fait le Monde, il l'aurait conseillé à le mieux faire.* » En effet, l'immensité et la diversité des cercles qu'il faudrait supposer, et la singularité des mouvemens particuliers et généraux des planètes et de toutes les étoiles, seraient autant d'objets à la fois inexplicables et incompréhensibles.

Mais si, au contraire, délivrant l'Univers de cet embarras inutile, on parvient, par le simple mouvement de la Terre, à l'explication de tous les phénomènes, alors on reconnaît véritablement la sagesse et la puissance de l'Etre infini qui a tout créé, tout fait avec ordre et simplicité.

Puisque tant d'autres globes sont vus se mouvoir dans l'espace, pourquoi la Terre serait-elle moins propre à s'y mouvoir aussi ; elle, dont le volume et la masse sont infiniment moindres que ceux de plusieurs planètes que nous voyons tourner sur elles-mêmes et autour du Soleil ?

Mais, objecte-t-on, le mouvement de l'Univers autour de nous est sensible ; et celui qu'on attribue à la Terre ne l'est en aucune manière. Cette objection est fondée. Mais parce qu'une mouche ne s'aperçoit pas du mouvement d'un vaisseau de cent vingt pièces de canon, sur lequel elle se promène, en est-il moins constant que le vaisseau n'est pas immobile ?

Nous donc, qui sommes, comparativement, plus de cent millions de fois plus petits à l'égard de la Terre, que n'est une mouche à l'égard d'un vaisseau de haut bord, nous devons, tant à cause de la régularité du mouvement de la Terre, que de celle de notre petitesse, nous apercevoir plus de cent quarante millions de fois moins de ce mouvement que la mouche de celui du vaisseau dont il s'agit.

Les apparences du mouvement peuvent être démontrées avec la même facilité.

Placé sur une barque que le courant, le vent ou les rames font avancer rapidement, l'observateur n'est-il pas frappé de voir le rivage fuir, en apparence, en sens contraire de la direction du bateau ? Combien de fois, sur mer, n'ai-je pas cru qu'un vaisseau en panne ou à l'ancre courait sur celui que je montais, et qui me semblait ne point changer de place, bien que lui seul faisait la route que mes yeux attribuaient à celui qui était véritablement immobile; et lorsque la direction d'une barque ou d'un vaisseau se fait circulairement, le Ciel, la Terre, la Mer, etc., semblent tellement tourner autour de cette barque ou de ce vaisseau, qu'un effort extraordinaire de raison contre les sens devient nécessaire pour se persuader que ce mouvement n'est qu'une illusion.

Dans tous les ports de mer, mais particulièrement à Venise, cet effet, que j'y ai souvent éprouvé, est produit à chaque instant pour quiconque le désire. L'incomparable adresse des gondoliers à faire, sur la mer et dans les canaux, tourner leur gondole sur elle-même, comme si elle était placée sur un pivot, produit aux yeux le spectacle étonnant d'une ville, d'îles, de forts, de vaisseaux, etc., qui tournent avec vélocité autour de ce frêle esquif.

Si donc ces mouvemens, même celui d'une voiture, et beaucoup d'autres qu'il serait superflu de citer, produisent les illusions que je viens de décrire, est-il surprenant que le mouvement de la Terre se faisant d'occident en orient avec une vélocité qui lui fait parcourir, par chaque heure, trois cent soixante-quinze lieues à son équateur, et plus de vingt-quatre mille dans son orbite, soit la cause du mouvement apparent du Soleil et de tous les corps célestes autour de la Terre, d'orient en occident ?

Que ce soit le Soleil qui tourne autour de la Terre toutes les vingt-quatre heures, ou que ce soit la Terre qui, dans le même temps, fait une révolution autour de son axe, les effets du jour et de la nuit sont absolument les mêmes ; mais il a été démontré plus haut que ce mouvement du Soleil, et par conséquent de tout l'Univers autour de la Terre, était incompatible avec la grande et harmonieuse simplicité que nous admirons dans les œuvres du Créateur ; et pour rendre sensible, par le moyen d'une comparaison, toute la faiblesse du système de l'immobilité de la Terre, qu'il me soit permis d'en rapporter une extrèmement triviale, mais qui convaincra autant qu'un long raisonnement.

En supposant qu'on veuille faire rôtir un petit oiseau, une alouette, par exemple, n'est-il pas plus simple et plus naturel qu'on la fasse tourner devant un feu treize à quatorze cent mille fois plus gros qu'elle, plutôt que de la laisser immobile, et faire tourner un feu aussi énorme autour d'un atome, comme serait cet oiseau à l'égard de cette masse de feu ?

Nous conclurons, en établissant comme une proposition évidemment démontrée, que le mouvement réel de la Terre sur son axe et autour du Soleil, produit l'apparence du mouvement de tous les corps célestes autour d'elle.

C'est au grand Copernic, à cet homme immortel, qui, par la rectitude de son vaste génie, a débrouillé le chaos de l'astronomie et fait briller le flambeau de la vérité, que nous devons la connaissance de ce système, fondé sur la raison, d'accord avec les observations célestes. C'est à Kepler, à Galilée, à Newton, à La Place, etc., de qui les pensées profondes ont, pour ainsi dire, ravi au Créateur le secret des lois qui régissent l'Univers, que nous devons l'affermissement inébranlable de ce système.

C'est enfin à ces génies sublimes, vrais oracles de la géométrie, ainsi qu'aux savans astronomes de nos jours, dont les conseils ou les écrits ont guidé mes pas chancelans, qu'est dû l'essai que j'ai osé tenter d'une représentation de ce système, à l'aide du *mécanisme uranographique*, dont la description et l'usage sont consignés dans les pages suivantes.

DESCRIPTION ET USAGE

DU MECANISME

URANOGRAPHIQUE.

1. CE mécanisme, qui, d'un coup d'œil, présente l'ensemble général des corps célestes qui constituent le système du Monde, se divise en deux parties, que nous désiguerons par les mots *d'intérieure* et *d'extérieure*. Nous nommerons *partie intérieure*, celle qui est comprise dans le cercle horizontal sur lequel sont marqués les degrés de l'écliptique, les douze mois de l'année, etc., qui est composée, 1°. du Soleil ☉ au centre, 2°. de Mercure ☿, 3°. de Vénus ♀, 4°. de la Terre ♁, et 5°. de la Lune ☾.

Nous avons donné la dénomination *d'intérieure* à cette première partie, parce que les orbites des planètes qui la composent, sont comprises dans l'orbite que la Terre décrit autour du Soleil.

2. C'est par la même raison que nous désignons sous le nom de *Planètes extérieures*, celles dont les orbites comprennent celle de la Terre, etc., et que, pour ce motif, ainsi que pour la réduction du volume du mécanisme et la facilité du transport, nous avons placé hors du cercle zodiacal, qui doit être considéré comme représentant l'orbite de la Terre.

Les planètes extérieures sont au nombre de huit, et dans l'ordre suivant, qui est celui qu'elles occupent dans le Ciel ; savoir : Mars ♂, Cérès ♀, Pallas ♀, Junon ⚵, Vesta ⚶, Jupiter ♃, Saturne ♄, Uranus ♅.

Jupiter est accompagné de ses quatre satellites, Saturne de sept et de son double anneau ; et Uranus de six.

3. La portion de cercle de cuivre plat représentant la parabole d'une comète, et à laquelle sont adaptés deux supports en cuivre, pour servir à la fixer dans les deux trous percés, à cet effet, sur le cercle zodiacal, doit être considérée aussi comme faisant partie des planètes extérieures, puisque son plan incliné sur ce cercle permet à la Terre de passer dessous, et d'être quelquefois perpendiculaire à la comète. (*Voyez le dessin figuratif du mécanisme, en tête du présent ouvrage.*)

4. A partir du pied qui sert de base au mécanisme uranographique, jusqu'à la sommité de la boule dorée qui représente le Soleil, la hauteur ordinaire dudit mécanisme est de dix-huit pouces, mesure de Paris. Son diamètre étant déterminé par celui du cercle zodiacal, est de douze et demi pouces : mais avec la parabole de la comète et les planètes extérieures que l'on place et déplace à volonté, le rayon ou semidiamètre est de deux pieds et demi, et la hauteur de deux pieds.

Comme la composition de ce mécanisme permet d'en construire sur diverses échelles, et d'en varier les diamètres et les hauteurs, ceux d'une dimension supérieure à celle ci-dessus décrite sont établies dans des proportions convenables, et d'autant plus approximatives de l'exactitude des distances et des volumes des corps célestes, que le diamètre a d'étendue.

5. Toutes les planètes extérieures, ainsi que la parabole de la comète, étant fixées sur des supports en cuivre ou en fer, dont l'extrémité forme une vis, peuvent être placées et déplacées en un moment par le possesseur du mécanisme, et selon son désir, en faisant tourner à droite dans le cas de déplacement, et à gauche dans le cas contraire, la susdite vis, dans les trous pratiqués à cet effet, tant sur le zodiaque que dans chacune des huit rondelles qui forment le cône tronqué, en dessous de la plate-forme du mécanisme.

Comme la longueur du support de la planète Uranus ne permet pas de l'introduire d'une seule pièce dans la caisse qui sert à l'emballage et au transport du mécanisme, ce support est divisé en deux parties qui se réunissent par le moyen d'une vis à l'une des extrémités de l'une des branches, et par l'écrou qui est pratiqué dans l'autre.

6. Le cercle zodiacal comprend, 1°. sur le bord intérieur, une division en trois cent soixante degrés, représentant l'écliptique ; 2°. les douze constellations du zodiaque, et leur division en trente degrés chacune ; 3°. les douze mois de l'année, compris entre deux lignes qui contiennent autant de divisions qu'il y a de jours dans le mois, auquel ces divisions correspondent. Comme ces deux divisions en degrés et en jours sont contiguës, elles servent à faire connaître, jour par jour, le lieu du Soleil et de la Terre

dans l'écliptique ; 4°. enfin, les noms des quatre points cardinaux, ainsi que ceux des seize vents principaux.

7. La boule dorée, ou le petit globe de cristal dépoli, placée au centre du mécanisme, représente le Soleil.

8. La Terre est représentée par un globe sur lequel sont marquées les principales divisions en continens, mers, îles, etc.

La petite boule argentée qui se meut autour de la Terre, par le moyen de la poulie placée sur la bande de cuivre qui ceint la Terre d'un pôle à l'autre, représente la Lune.

9. Entre le Soleil et la Terre est une aiguille (*Voyez la figure lettre K*) qui s'élève perpendiculairement, et dont la pointe recourbée vers la Terre, étant appuyée sur celle-ci à volonté, sert à indiquer, pour tous les jours de l'année, le midi de chaque pays, et les points du globe où le rayon central du Soleil tombe perpendiculairement.

10. Comme l'inclinaison de l'axe de la Terre au plan de son orbite, et la conservation du parallélisme de ce même axe pendant la révolution annuelle, font que les deux hémisphères septentrional et méridional sont alternativement exposés au Soleil, il en résulte naturellement que cette aiguille K semble décrire une spirale qui s'étend d'un tropique à l'autre. Ainsi cette aiguille peut être considérée sous le triple rapport de rayon central solaire, d'écliptique et de méridien.

11. Diamétralement opposée à la Terre, est une

autre aiguille de laiton (F), dont l'objet est d'indiquer le lieu apparent du Soleil dans le zodiaque, vu
de la Terre.

12. *Article très-important.* Sur le bord de la
plate-forme principale, et tout près du système de
poulies, au-dessus duquel la Terre est placée, se
trouve horizontalement fixée une troisième aiguille
de cuivre, dont la saillie hors du plateau produit la
rencontre avec un pivot de métal verticalement
adapté sur la traverse de la colonne qui sert de base
et de support au mouvement à manivelle. Cette rencontre, qui a lieu après une révolution annuelle de
la Terre, dont le commencement et la fin s'effectuent
par le départ ou l'arrivée de ce globe au premier
degré du signe de la Balance, forme un *point d'arrêt*
qui suspend la prolongation du mouvement dans le
même sens, et indique qu'il y aurait du danger pour
le mécanisme à vouloir franchir cette limite ; c'est
pourquoi il convient alors de faire faire une révolution
rétrograde, c'est-à-dire, détournant la manivelle en
sens contraire du premier mouvement, jusqu'à ce
que la même rencontre ait eu lieu au signe de la
Balance, et ainsi de révolution en révolution.

13. Sur la même plate-forme, à droite et à gauche
du susdit système de poulies, qui supporte la Terre,
sont deux chevilles ou rochets H, que je nommerai
régulateur du mouvement général, et dont l'utilité
est de tendre et arrêter à volonté les deux cordons
de soie qui y sont attachés, et qui correspondent
à la double poulie fixée sur l'axe de la roue dentée,
dont l'engrenage avec le pignon que fait tourner

la manivelle imprime le mouvement général au mécanisme.

14. Si par l'effet d'un effort extraordinaire, ou
par oubli de l'attention recommandée au nº. 12,
l'un ou l'autre des deux cordons énoncés au nº. 13
venait à se rompre ou à se relâcher, il faudrait, dans
le premier cas, en remettre un autre de même grosseur, mais seulement après l'avoir bien étiré, afin
qu'il soit égal en force et en élasticité à celui qui n'a
point été endommagé ; et, dans le second cas, il
suffirait de faire tourner la vis à laquelle est attaché
le cordon relâché, jusqu'à ce qu'il soit suffisamment
tendu, en ayant soin toutefois qu'il y ait plutôt un
peu de mollesse dans le cordon, qu'une tension trop
forte, qui pourrait en occasionner la rupture.

15. Deux autres chevilles ou rochets H, semblables
à ceux décrits au numéro précédent, et que je nommerai *régulateurs du mouvement de la Terre*, sont
placés sur la grande poulie fixe qui sert de base à la
colonne qui supporte le Soleil, Mercure et Vénus.
L'utilité de ces *régulateurs* est de retenir et tendre
convenablement les deux cordons qui passent dans les
deux trous qui traversent le système de poulies qui
supporte la Terre, et dont l'enroulement de l'une et
le déroulement de l'autre sur la triple poulie placée
verticalement au-dessous de la Terre, imprime le
mouvement à ce globe, et celui-ci à la Lune, par le
moyen de la soie fine qui, de la plus grande des trois
susdites poulies, communique à celle de l'extrémité
méridionale de l'axe de la Terre.

16. Comme la régularité du mouvement diurne de

la Terre et de la Lune dépend de la tension des deux cordons que je viens de décrire, il est essentiel, en faisant usage du mécanisme, de régler cette tension à l'aide de l'un ou de l'autre des régulateurs, afin qu'ils ne soient ni trop ni trop peu tendus ; ce qui est si facile à connaître, qu'un plus long raisonnement à cet égard serait surperflu.

Mais si l'un ou l'autre de ces cordons venait à se rompre, ce qui est assez difficile, même en faisant un usage long et fréquent du mécanisme, il faudrait alors remplacer le cordon rompu par un neuf de même grosseur et longueur ; mais avant de le remettre, il est essentiel de remarquer comment le bout qui tient à la poulie de la Terre est enveloppé sous le trou par où il passe, afin de le rétablir de la même manière.

17. Pour faciliter le maintien de la propreté du mécanisme, ainsi que les réparations qu'il pourrait exiger, on peut enlever le cercle zodiacal des quatre colonnes sur lesquelles il est placé, en dévissant les petits écrous qui le retiennent sur l'extrémité des quatre rayons ou supports fixés dans le noyau qui couronne le cône tronqué formé par les huit rondelles des planètes extérieures (*Voyez le n°. 5*) ; mais en replaçant le zodiaque, on doit avoir soin de lui conserver la position qu'il avait avant le déplacement, sans quoi l'ordre des saisons se trouverait interverti. Une simple remarque au zodiaque et à l'un des supports suffit pour éviter toute espèce d'erreur à cet égard.

18. La régularité du mouvement de la Lune autour de la Terre, dépendant des deux tours de très-

fine soie qui , de la petite poulie placée à l'extrémité
de l'axe de la Terre , enveloppe celle qui porte la
Lune et la fait tourner, il est important que cette
soie ne se trouve jamais ni trop ni trop peu tendue ,
attendu que dans le premier cas elle empêcherait le
mouvement diurne de la Terre , et dans le second,
celuide la Lune.

19. L'axe de la Terre est représenté par les deux
pivots sur lesquels elle tourne sur elle-même dans la
demi - circonférence de cuivre où elle est comme
suspendue.

20. Le pivot supérieur sur lequel la Terre tourne ,
est nommé pôle arctique , boréal ou septentrional.
Le point opposé est appelé pôle antarctique , austral
ou méridional.

21. Les cercles polaires , arctiques et antarctiques
sont figurés sur le globe de la Terre par une traînée
de points à vingt-trois et demi degrés des pôles : l'espace compris entre les pôles et les cercles polaires est
nommé zone glaciale, à cause du froid que l'absence du
Soleil, pendant plusieurs mois de l'année , y produit.

22. La ligne fortement marquée, et qui divise la
Terre en deux parties égales , est appelée *équateur*
ou *ligne équinoxiale* , parce que, outre la division
qu'elle fait du globe terrestre en *hémisphères septentrional et méridional* , il arrive encore que quand
les rayons du Soleil tombent perpendiculairement
sur cette ligne, ce qui a constamment lieu les 21 mars
et 21 septembre de chaque année , les jours et les
nuits sont d'une égalité parfaite sur toute la surface
de la terre, ce qui produit l'équinoxe.

23. De dix en dix degrés sur les deux hémisphères, sont tracés des cercles parallèles à l'équateur , dont l'usage est de faire connaître la latitude des divers pays de la Terre , c'est-à-dire leur distance du pôle ou de l'équateur. Ces cercles sont appelés *parallèles de latitude.*

24. Entre les deuxième et troisième parallèles de latitude , à la distance de vingt-trois et demi degrés de chaque côté de l'équateur, deux cercles figurés par des traînées de points représentent les deux tropiques, savoir le *tropique du Cancer* sur l'hémisphère septentrional , et le *tropique du Capricorne* sur l'hémisphère méridional.

L'espace renfermé entre les deux tropiques est appelé zone torride ou brûlante, parce que deux fois par an les rayons du soleil tombent perpendiculairement sur chaque point de cette zone, qui est comme la limite dans laquelle le mouvement apparent du Soleil semble être circonscrit, d'où provient la chaleur qui y règne presque perpétuellement.

25. L'équateur est coupé en deux points opposés par un cercle incliné qui touche les deux tropiques, aussi en deux points opposés. Ce cercle, qui représente sur la Terre la route apparente du Soleil dans le ciel, est celui que l'on nomme écliptique ; les deux points d'intersection où l'équateur et l'écliptique se réunissent, marquent les deux équinoxes; et les deux points où l'écliptique touche les tropiques indiquent les solstices d'été et d'hiver, c'est-à-dire les points où le Soleil est au plus haut ou au plus bas de sa carrière, et à la plus petite ou plus grande distance de la Terre,

ce que l'on nomme *périhélie* et *aphélie* , *périgée* et *apogée* , et d'où cet astre semble retourner en arrière.

26. Les intervalles compris entre les tropiques et les cercles polaires sont appelés *zones tempérées* , parce que leur situation entre les zones glaciales et la zone torride , les préserve également des chaleurs trop ardentes de l'été , et des froids trop rigoureux de l'hiver.

27. L'équateur, ainsi que l'écliptique , les tropiques, les parallèles de latitude et les cercles polaires, sont coupés à angles droits par vingt-quatre autres cercles qui se réunissent tous aux deux pôles de la terre , et dont l'utilité consiste à faire connaître les pays qui ont le même méridien et la même longitude, c'est-à-dire midi au même instant, et la distance qu'il y a d'un lieu quelconque situé sur l'un de ces méridiens , au méridien de Paris, par exemple , ou d'un autre pris à volonté.

28. Un peu au-dessous du cinquième parallèle de latitude septentrionale , c'est-à-dire au quarante-huitième degré, et sur la partie du globe où est écrit le mot *Europe*, un petit morceau de cuivre incrusté dans la boule , indique la situation de Paris , et sert à démontrer d'une manière aussi claire que précise , la variété des longs et des courts jours, ainsi que des saisons, pour cette capitale de l'Europe.

Ayant fait connaître avec assez de détail et aussi succinctement que possible, tant la construction du mécanisme uranographique , que la position et l'utilité des principaux cercles que les astronomes et les géographes ont imaginés sur le globe terrestre, pour en faciliter la distribution, et établir les rapports et la correspondance que ces mêmes cercles ont avec ceux que le besoin leur a également fait imaginer dans le ciel, nous passerons maintenant à l'explication des principaux phénomènes représentés par le mécanisme uranographique. Mais pour mieux prouver la solidité, l'exactitude et l'admirable simplicité du système de Copernic, dont ce mécanisme est une parfaite imitation, j'ai pensé qu'il ne serait pas inutile de commencer par démontrer en peu de mots la fausseté du système de Ptolémée, qui n'a de fondement que sur l'illusion produite par le mouvement réel de la Terre.

USAGE DU MÉCANISME URANOGRAPHIQUE SUIVANT LE SYSTÊME DE PTOLÉMÉE.

29. La différence qui existe entre le systême de Ptolémée et celui de Copernic consiste en ce que le premier place la Terre immobile au centre de l'Univers, et fait tourner toutes les vingt-quatre heures autour d'elle, non-seulement le Soleil, mais encore l'immensité des Cieux avec tous les globes qu'ils enserrent. Le second, au contraire, plus profondément pénétré de la grandeur et de la puissance du Créateur, place la Terre au rang des planètes, repousse, combat et détruit cette apparente immobilité, lui rend le mouvement que peut-être l'orgueil humain se plaît à lui ravir, et démontre jusqu'à l'évidence, que tous les phénomènes célestes sont dans une harmonie aussi simple que parfaite avec son hypothèse.

30. Si on substitue sur le mécanisme le globe de

la Terre à celui du Soleil, et celui-ci à la place de la Terre, on a la représentation du système de Ptolémée.

Pour parvenir à ce déplacement et à cette substitution d'un globe à la place de l'autre, il suffit de lever, des trois petites poulies de cuivre, le fil de soie qui sert à faire tourner la Terre sur son axe, et dévisser celle-ci, ainsi que le Soleil, en faisant tourner de droite à gauche les vis qui sont à l'extrémité de leur support respectif.

Comme le fil de soie qui enveloppe la plus grande des trois poulies de bois, du système de poulies sur lequel la Terre est placée, correspond à la poulie qui fait tourner le Soleil sur lui-même, il faut aussi supprimer ce fil, afin que la Terre soit dans l'immobilité absolue du système de Ptolémée.

Mais comme le simple raisonnement peut suppléer à ce déplacement, il suffirait de supposer la Terre à la place du Soleil, et *vice versa*, pour se former une idée exacte du système en question.

31. Le Soleil et la Terre étant disposés, ou supposés être disposés, ainsi qu'il est dit dans l'article précédent, si on met le mécanisme en mouvement en faisant tourner la manivelle, avec la précaution d'arrêter et de rétrograder, ainsi qu'il est dit au n°. 12, on remarquera les effets suivans :

1°. La Terre, Vénus et Mercure se trouvent compris dans l'orbite du Soleil; 2°. Vénus et Mercure tournent autour de la Terre, sans pouvoir jamais passer derrière le Soleil, tandis qu'étant observé dans le ciel, on les voit tourner autour de cet astre, devant et derrière lequel on les voit passer et s'éclipser alternati-

vement ; 3°. Ces deux planètes exécutant leur mouvement annuel dans un orbite circulaire autour du centre
de la Terre, doivent paraître en tout temps sous le
même diamètre, ce qui est évidemment contraire aux
effets que l'on observe pendant le cours de leur révolution, puisque leur grandeur apparente dans le ciel,
varie tellement, que Vénus est quelquefois visible en
plein jour, et paraît comme un petit soleil dans l'univers, et d'autres fois elle semble se perdre dans l'espace et se confondre avec les étoiles de première grandeur ; circonstance qui a lieu également pour d'autres
planètes et particulièrement pour Mars, qui, en certains temps, paraît presque aussi grand que Jupiter,
et quelquefois si petit, qu'on le peut à peine distinguer d'une étoile fixe. 4°. Le mouvement de ces deux
planètes, Mercure et Vénus, conserve invariablement
la même uniformité, tandis que dans les cieux nous
les voyons se mouvoir avec des vîtesses différentes,
quelquefois avec une grande vélocité, d'autres fois
avec lenteur, être tantôt stationnaires, tantôt rétrogrades, etc.

Tous ces effets bizarres que l'observateur remarque
à chaque révolution des planètes, ne pouvant être ex-
pliqués ni démontrés dans le système de Ptolémée,
sinon en faisant l'étrange supposition que les planètes
se meuvent dans une infinité d'épicycles plus bizarres
encore que les phénomèmes qui en seraient l'objet, sont
plus que suffisans pour prouver la fausseté de ce systême, et le faire rejeter en totalité.

Il serait donc inutile de raisonner plus longue-
ment sur une hypothèse qui n'a en sa faveur qu'une

simple illusion, que les faits démentent, et que la saine raison dissipe, comme les rayons du Soleil écartent les nuages qui obscurcissent son orbe.

REPRÉSENTATION DU SYSTÊME DE COPERNIC, PAR LE MÉCANISME URANOGRAPHIQUE.

32. Le Soleil et la Terre étant rétablis dans leurs positions primitives, on obtient la représentation du véritable systême du monde, dont le Soleil occupe le centre et la Terre le rang de planète.

Les choses étant ainsi disposées, si on donne le mouvement au mécanisme, par le moyen de la manivelle, tous les phénomènes qui seront représentés par la combinaison des mouvemens imprimés aux divers globes dont il est composé s'accorderont parfaitement avec les observations célestes, et on ne pourra s'empêcher d'admirer la merveilleuse simplicité avec laquelle le Tout-Puissant a mis en harmonie toutes les parties d'un ensemble si parfait.

33. On observera, 1°. la rotation du Soleil sur son axe d'orient en occident, ce qui produit l'apparition et la disparition des taches de droite à gauche, de la même manière qu'on les voit sur le Soleil même ; 2°. on verra Mercure et Vénus décrire leur orbite autour du Soleil, le premier en quatre-vingt-huit jours, et la deuxième en deux cent vingt-quatre ; et par ce mouvement on sera à même de remarquer leur élongation, tantôt le matin, tantôt le soir, leur conjonction devant et derrière le Soleil, leur passage sous cet astre, et leurs petite, moyenne et grande distance de la Terre ;

3°. On observera également que la plus grande distance de Mercure au Soleil, vu de la Terre, n'excède

jamais vingt-un degrés, et celle de Vénus quarante-
sept, ce qui rend difficile les observations que l'on
peut rarement faire du premier dans le ciel, à cause
de sa grande proximité du Soleil, dans les rayons du
quel il se trouve presque constamment immersé ; 4°. on
remarquera que Mercure et Vénus, mais particulièrement Mars, se trouvent quelquefois très-rapprochés de
la Terre, et d'autres fois très-éloignés, ce qui arrive
à chaque conjonction ou opposition, d'où il suit naturellement que leur grandeur apparente doit varier
à nos yeux, en raison de leur plus ou moins de distance
de notre globe, ce qui s'accorde parfaitement avec les
observations célestes ; 5°. on voit aussi que le mouvement des planètes ne peut nous paraître régulier,
puisqu'à mesure qu'elles se rapprochent de la Terre, on
les voit accélérer leur marche, et la ralentir à mesure
qu'elles s'en éloignent ; 6°. le phénomène bizarre des
stations et rétrogadations des planètes se produit de la
manière la plus simple et la plus convaincante, ainsi
qu'il sera plus amplement démontré aux N°ˢ. 67
et suivans ; 7°. on sera évidemment convaincu que le
mouvement de rotation de la Terre autour de son axe
produit naturellement l'alternative du jour et de la
nuit, et que son mouvement de translation dans son
orbite autour du Soleil, produit l'année ; 8°. on ne né-
gligera pas d'observer que l'inclinaison de l'axe de la
Terre, et la conservation du parallélisme de ce même
axe dans tous les points de l'orbite, produisent la vicis-
situde des longs et des courts jours, ainsi que celle
des saisons ; 9°. on observera avec une égale attention,
que le mouvement annuel de la Terre dans son orbite
n'est pas exactement circulaire, mais qu'elle décrit

nn épicycle , de manière qu'elle se trouve successivement à diverses distances du Soleil , et en représente
le *périhélie* et l'*aphélie* ; 10°. enfin , on remarquera
que la Lune, accompagnant la Terre et tournant autour d'elle en décrivant une orbite inclinée , produit ,
d'une manière satisfaisante , les phases ordinaires ,
les éclipses , etc.

34. L'article précédent pourrait suffire pour donner
une idée générale du système du monde, ainsi que de
l'utilité du mécanisme uranographique ; mais comme
il convient que les personnes studieuses qui feront
usage de ce mécanisme puissent entendre et démontrer, tant séparément que généralement , les phénomènes que je n'ai fait qu'indiquer, j'ai pensé qu'il était
à propos de donner quelques exemples qui serviront
d'introduction en facilitant la pratique de ces démonstrations. Et comme le Soleil est le flambeau qui verse
sur tous les globes qui l'environnent les torrens de lumière, qu'ils se réfléchissent réciproquement, et que
la direction perpendiculaire ou oblique de ses rayons
produit le plus ou le moins de chaleur, des jours plus
ou moins longs, et une végétation plus ou moins ac-
tive, il est juste de lui donner la préférence sur tous
les autres globes du système. C'est donc de cet astre
que nous parlerons d'abord.

35. LE SOLEIL. Tout s'accorde à faire considérer
cet astre comme un immense globe enflammé, qui lance
autour de lui la lumière, la chaleur, la végétation et
la vie, et dont nous éprouvons les effets à plus de
trente millions de lieues de distance.

Les observations ont appris que ce globe est qua-

torze cent mille fois environ plus gros que la Terre ;
qu'il tourne sur lui-même d'orient en occident en vingt-
cinq jours quatorze heures huit minutes, que la lumière jaillit de son orbe en toutes directions et avec
tant de vélocité, qu'elle parcourt quatre millions de
lieues environ par minute , puisqu'elle n'en met que
huit pour parvenir jusqu'à nous ; qu'il se fait à sa surface d'énormes et continuels bouillonnemens et de
vives effervescences ; que son disque est souvent cou-
vert de taches noires d'une forme irrégulière et dont
le nombre, la position et la grandeur sont extrêmement variables ; que l'apparition et la disparition de
ces taches, dont quelques-unes occupent, sur le diamètre du soleil, un espace de quinze à dix-huit mille
lieues et quelquefois plus, peuvent faire croire,
comme l'ont pensé *Lalande* et *Herschell*, que le corps
du Soleil n'est qu'une masse solide et obscure, envi-
ronnée d'une immense atmosphère composée de nuages
lumineux d'où provient la lumière ; de sorte que ces
nuages, flottans au hasard, et s'entrouvrant par intervalles, laissent apercevoir le noyau obscur du Soleil,
comme du haut des montagnes et à travers les inters-
tices des nuages on découvre les vallées qui sont au-
dessous (1).

—————————

(1) Ce n'est qu'après la découverte du télescope, que les
taches du Soleil ont pu être connues. C'est en 1611 qu'elles
furent observées pour la première fois et presqu'en même
temps par *Fabricius*, à Wittemberg ; par le jésuite *Scheiner*
et par *Galilée*. Ce dernier suivit leur marche et développa
les particularités de leur mouvement avec tant de soin et
d'exactitude , qu'on n'a presque rien ajouté depuis aux des-

Les observations ont également appris à *Herschell* et à d'autres astronomes que la surface du Soleil est couverte de montagnes très-hautes, dont les sommets paraissent au-dessus de la matière lumineuse, et offrent l'apparence de taches noires, d'où il résulterait que la végétation et même la vie pourraient exister sur ce globe que nos yeux ne peuvent fixer à cause de l'embrasement général et perpétuel dans lequel il paraît être, et de l'incapacité où nous le supposons de contenir aucun être organisé.

36. MERCURE. *Le* petit globe qui est le plus voisin du Soleil représente la planète *Mercure*. Le volume réel de cette planète est de moitié environ plus petit que celui de la Terre ; sa distance du Soleil est de quatorze millions quatre cent quarante-sept mille lieues ; il tourne sur son axe en vingt-quatre heures cinq minutes, et autour du Soleil en quatre-vingt-sept jours vingt-trois heures quinze minutes, pendant lequel temps l'observateur, placé sur la terre, le voit paraître sous les différentes phases que la Lune nous présente dans le cours d'un mois. On suppose que la lumière et la chaleur qu'il reçoit du Soleil sont huit fois plus grandes que celles que nous en recevons.

Cette planète étant, comme les autres, privée d'une lumière propre, et ne recevant celle du Soleil que sur l'hémisphère exposé vers cet astre, il doit

---

criptions qu'il a données. Ces taches, d'ailleurs, ne peuvent avoir aucune influence sur la température de notre atmosphère, et c'est à tort qu'on leur a attribué le fléau des pluies extraordinaires de cette année 1816.

arriver, et il arrive en effet, que dans le temps de ses conjonctions inférieures, c'est-à-dire quand la planète est interposée entre le Soleil et la Terre, la moitié non éclairée étant tournée vers nous, dérobe la planète entière à nos regards. Mais à mesure qu'elle change de position, et que l'hémisphère éclairé se trouve plus ou moins exposé vers la Terre, elle doit nous apparaître tantôt sous la forme d'un croissant, tantôt sous celle d'une demi-lune, etc.

Dans les conjonctions supérieures, qui arrivent au moment du passage de Mercure derrière le Soleil, il est évident que nous devons le perdre de vue pour un temps plus considérable que dans les conjonctions inférieures, puisque tournant autour du Soleil dans le sens du mouvement de la Terre, cette conjonction supérieure se prolonge naturellement. On voit encore que cette planète étant très-près du Soleil, les rayons de cet astre, comme je l'ai dit plus haut, forment un obstacle invincible à ce qu'elle soit vue de nous dans aucune autre position que dans celle des quadratures. c'est-à-dire quand elle est éloignée du Soleil, rapport à nous, de trois signes du zodiaque, et qu'elle se trouve sur le côté de cet astre.

37. Vénus est la seconde planète dans l'ordre du système; elle est représentée par le petit globe qui suit immédiatement celui de Mercure; son diamètre réel est presque égal à celui de la Terre, sa distance au Soleil est de vingt-six millions huit cent mille lieues; elle tourne sur son axe en vingt-trois heures vingt-une minutes, et autour du Soleil en deux cent vingt-quatre jours seize heures quarante-une minutes;

la lumière et la chaleur qu'elle emprunte du Soleil sont évaluées deux fois supérieures à celles qu'en reçoit la Terre. C'est la plus brillante planète de notre systême, et dont la splendeur éclatante la fait aisément distinguer. On la voit quelquefois le soir à l'Occident, peu après le coucher du Soleil, et quelquefois le matin précéder son lever, ce qui lui fait donner les noms d'*Etoile du soir* et d'*Etoile du matin*, et celui de *Vénus* à cause de sa beauté. On la nomme aussi *Lucifer* quand elle précède le Soleil, et *Vesper* lorsqu'elle le suit.

Ainsi que Mercure, Vénus présente à l'œil de l'observateur, aidé d'un télescope, les différentes phases de la Lune, mais plus visiblement et plus long-temps, ce qui prouve qu'elle tire aussi sa lumière du Soleil; ses apparitions, tantôt le soir et tantôt le matin, ses conjonctions inférieures et supérieures, ses passages sous le Soleil, ses élongations, ses stations et rétrogradations, etc., sont représentées sur le mécanisme uranographique avec la plus grande exactitude.

Quelques montagnes très-hautes, presque toutes d'une forme conique, imitant les chaînes des Alpes et des Pyrénées, sont très-distinctement vues sur le disque de Vénus, dont l'atmosphère est assez sensible pour avoir permis à M. *Schroëter*, astronome allemand, d'en calculer et déterminer la hauteur, qu'il a trouvée être de seize lieues environ. Il y a donc lieu de présumer que ce globe n'est point inhabité, puisqu'il est favorisé de tous les élémens propres à la végétation et à la nutrition.

Quelquefois, mais très-rarement, à cause de l'in-

clinaison de leurs orbites, *Mercure* et *Vénus* passent directement entre le Soleil et la Terre. Ces
planètes forment alors sur le disque du Soleil de
petites taches rondes et noires, qui sont véritablement des éclipses partielles du Soleil, et auxquelles
les astronomes ont donné le nom de *Passage de Mercure* et *de Vénus*. Ces phénomènes, ignorés des
anciens, prédits par *Copernic* avant l'invention du
télescope, donnent la preuve irrécusable du mouvement de ces deux planètes autour du Soleil. Cette
circonstance seule suffirait pour faire rejeter tout systême qui tendrait à établir que la Terre est le centre
et le pivot autour duquel l'Univers entier tourne en
vingt-quatre heures, attendu que ces deux planètes
ne peuvent avoir en même temps le Soleil et la Terre
pour centre.

38. La Terre occupe le troisième rang dans
l'ordre du système. Sa forme est celle d'un sphéroïde,
un peu aplati vers les pôles; son diamètre réel est
de deux mille huit cent soixante-quatre lieues, et sa
circonférence de neuf mille lieues. Sa distance
moyenne au Soleil est de trente-quatre millions cinq
cent quatorze mille neuf cent quatre-vingts lieues,
de deux mille deux cent quatre-vingts toises; elle
tourne sur elle-même en vingt-quatre heures, par-
courant trois cent soixante quinze lieues par heure
à son équateur, ou six lieues un sixième par minute.
Elle accomplit sa révolution annuelle autour du
Soleil en trois cent soixante-cinq jours cinq heures
quarante neuf minutes, dans un orbite dont la circonférence est de deux cent treize millions trois cent

vingt-sept mille quatre-vingt-cinq lieues, ce qui exige un mouvement de translation dont la vélocité imprimée à la Terre lui fait parcourir vingt-quatre mille trois cent cinquante lieues par heure, ou quatre cent cinq et demi lieues par minute. C'est à la rapidité de ces deux mouvemens combinés que sont dues toutes les apparences tant de l'immobilité de la Terre que du mouvement général de tous les corps célestes autour d'elle ; car si le mouvement d'un bateau produit à nos yeux l'illusion du rivage qui semble fuir en sens contraire de la direction de ce bateau , que ne doit pas être celle produite par un mouvement de près de vingt-cinq mille lieues par heure ?

39. En imprimant le mouvement au mécanisme , on voit tourner la Terre sur son axe , et représenter l'alternative du jour et de la nuit , puisque les diverses parties du globe se trouvant successivement éclairées par le Soleil , passent naturellement de la lumière à l'obscurité.

40. Tandis que la Terre fait sa révolution diurne , on la voit aussi avancer dans son orbite , et y décrire une ellipse imitant celle qu'elle décrit dans l'espace ; je ne dissimule point que je ne considère comme une circonstance heureuse le moyen infiniment simple par lequel je suis parvenu à produire cette ellipse dont l'effet est de représenter les diverses distances de la Terre au Soleil dans tous les points convenables , c'est-à-dire l'*aphélie* ou plus grande distance , quand l'aiguille indicatrice du Soleil entre dans le signe de l'Écrevisse , et la Terre dans celui du Capricorne , ce qui a lieu le 21 juin , au moment du solstice d'été : le

périhélie, ou plus petite distance, quand l'indicateur du Soleil et la Terre se trouvent dans les mêmes points de l'Ecrevisse et du Capricorne, mais dans une situation opposée à la première, ce qui arrive le 21 décembre au solstice d'hiver; la moyenne distance est celle des deux équinoxes.

En prenant avec un compas la mesure de ces diverses distances, on reconnaîtra que dans l'hiver la Terre est d'un 40°. environ plus près du Soleil que dans l'été.

41. Le mouvement de translation de la Terre dans son orbite, où elle conserve l'inclinaison et le parallélisme de son axe, produit une parfaite représentation de la variété des jours et des saisons, ainsi que nous allons essayer d'en faire la démonstration.

Placez la Terre au premier degré du signe de la balance, qui correspond au 21 septembre, l'indicateur solaire opposé à la Terre marquera sur le cercle zodiacal le lieu apparent du Soleil dans l'écliptique, au premier degré du Bélier, correspondant au 21 de mars; si dans cette position vous appuyez sur la Terre l'aiguille (n°s. 9 et 10) indicatrice du rayon perpendiculaire du Soleil, elle touchera l'équateur, et démontrera que, le 21 mars, la lumière du Soleil se propageant aux deux pôles, produit nécessairement une égalité parfaite de jour et de nuit par toute la Terre, ce qui est appelé équinoxe.

42. En faisant marcher le mécanisme, et opérant par son mouvement le changement de position de la Terre, vous remarquerez que l'équilibre du jour et de la nuit ne peut exister qu'un seul jour; car,

du moment où la Terre abandonne le point équinoxial, l'égalité entre le jour et la nuit cesse , et dès ce moment le jour commence à surpasser la nuit sur l'hémisphère septentrional , et *vice versá* sur le méridional.

43. En continuant l'action du mécanisme dans l'ordre des signes du zodiaque, vous obtiendrez par le double mouvement de la Terre, sur elle - même et dans son orbite, et par l'inclinaison et la conservation du parallélisme de son axe ; une représentation parfaite des quatre saisons de l'année. Vous remarquerez 1o. que le pôle septentrional, prenant peu à peu une position plus directe avec le Soleil, en reçoit une augmentation de lumière, d'où provient l'accroissement progressif du jour sur cet hémisphère, et sa diminution sur l'hémisphère opposé. 2o. Vous observerez en outre que ce même pôle septentrional ne perd point le Soleil de vue depuis l'équinoxe du printemps jusqu'à l'équinoxe d'automne, ce qui produit un jour continu de six mois, sans aucune alternative de nuit , et *vice versá* pour l'autre pôle. 3o. Vous remarquerez encore que la briéveté et la longueur des jours et des nuits sont plus considérables dans les climats qui se rapprochent des pôles que dans ceux qui sont voisins de l'équateur, parce que les parallèles de latitudes se rétrécissant à mesure de leur approximité du pôle , se trouvent éclairés ou privés de lumière, dans la proportion de leur circonférence, etc.

44. Tandis que la Terre parcourt les signes de la Balance , du Scorpion et du Sagittaire, il est facile , par le moyen de l'indicateur du rayon central du

Soleil, de connaître jour par jour tous les pays de la Terre qui sont situés entre l'équateur et le tropique du Cancer, qui ont le Soleil à leur zénith ou perpendiculairement sur eux à midi.

Pour exemple de la solution de ce problême, supposons que le 20 avril soit le jour donné ; faites marcher le mécanisme jusqu'au moment où l'indicateur solaire marque sur le zodiaque le premier degré du signe du Taureau, qui correspond au 20 avril ; cessez le mouvement du mécanisme, et dans la position où se trouve la Terre, faites-la tourner sur son axe avec la main, et de l'autre appuyez légèrement l'indicateur du rayon central sur le globe ; tous les pays qui passeront sous cet indicateur, savoir une partie de l'isthme de Panama, du pays des Nègres, et de l'Abyssinie en Afrique, du détroit de Babel-Mandel, du Malabar, des golfes de Bengale et de Siam, quelques-unes des îles Philippines, etc., sont ceux qui, le 20 avril, ont le Soleil vertical, et dont les habitans ne produisent aucune ombre à midi.

45. Quand la Terre arrive au premier degré du Capricorne, et l'indicateur du Soleil au premier degré de l'Ecrevisse, ce qui a lieu le 21 juin, l'indicateur du rayon central marque sur la Terre le tropique du Cancer. Ce moment est celui du solstice d'été, et du plus long jour de l'année pour la partie septentrionale de la terre, et *vice versâ* pour la méridionale.

46. Comme on a dû remarquer que l'accroissement des jours pour l'hémisphère septentrional commence le 21 décembre au solstice d'hiver, et continue jusqu'au solstice d'été, on voit également que leur

diminution , à partir de ce point , s'effectue avec la même précision jusqu'au retour au solstice d'hiver.

47. L'équinoxe d'automne se produit au moment où la Terre entre dans le signe du Bélier, et le Soleil dans celui de la Balance ; dès ce moment le pôle septentrional perd de vue le Soleil qu'il ne revoit que six mois après, c'est-à-dire à l'équinoxe du printemps : c'est le contraire pour le pôle opposé.

48. En continuant le mouvement du mécanisme jusqu'au point d'arrêt (n°. 12), la révolution annuelle de la Terre est accomplie ; elle se trouve au premier degré du signe de la Balance, et la rencontre des aiguilles , qui arrêtent le mouvement , indique qu'il faut rétrograder.

49. Si en faisant usage du mécanisme , la conservation du parallélisme de l'axe de la Terre éprouvait quelque dérangement, on le remettrait aisément dans la position convenable , en tournant la manivelle jusqu'à ce que la Terre soit au premier degré du Capricorne, où étant arrivée, on tournerait avec la main le systême de poulies qui lui sert de base , jusqu'à ce que le pôle septentrional soit directement en face du Soleil, car cette position est celle qu'il doit toujours avoir dans cette partie du zodiaque.

50. Comme les mouvemens diurne et annuel de la Terre se font d'occident en orient , suivant l'ordre des signes du zodiaque, on voit par ces mouvemens pourquoi le Soleil paraît se lever à l'orient et se coucher à l'occident , et pourquoi il éclaire l'Asie avant l'Europe et l'Afrique, et ces continens avant celui de l'Amérique.

On voit par la même raison que chaque point du globe ayant son méridien fixe , on en change insensiblement à chaque pas que l'on fait, soit vers l'orient, soit vers l'occident ; mais en allant directement au nord ou au sud , le méridien ne varie point, et un voyageur qui serait porteur d'une montre bien réglée au midi de l'observatoire de Paris , par exemple , trouverait à son arrivée à Dunkerque ou à Carcassonne , que sa montre marque exactement l'heure de l'une et de l'autre de ces villes, quoique séparées par un intervalle de près de deux cents lieues ; c'est que Dunkerque et Carcassonne ont le même méridien que Paris ; mais si ce même voyageur va de Paris à Brest, le midi de sa montre précédera de vingt-huit minutes ou environ celui de Brest ; s'il va à Constance ou à Milan, elle sera en retard de la même quantité ; c'est que le méridien de Constance et de Milan est à sept degrés environ de longitude orientale de celui de Paris , et que le méridien de Brest en est à une longitude occidentale du même nombre de degrés. C'est ainsi qu'on parvient à la démonstration de la semaine aux trois jeudis.

51. Par tout ce qui a été dit et démontré ci-dessus, il est évident que malgré la différence de longueur des jours et des nuits dans les divers climats, la lumière et l'obscurité, le chaud et le froid s'y trouvent cependant distribués avec une égalité admirable ; car si un jour continu de six mois aux pôles, est suivi d'une nuit de même durée , le jour et la nuit constamment de douze heures à l'équateur, se renouvelant trois cent soixante-cinq fois dans le cours d'une année,

donnent des quantités absolument semblables. Il en est de même pour tous les autres climats.

Il reste également démontré que le printemps, l'été, l'automne et l'hiver règnent alternativement sur les deux hémisphères, et qu'enfin l'aurore, le crépuscule, midi et minuit, etc., ne cessent de se renouveler à chaque instant pour quelques pays de la Terre, puisque le lever du Soleil pour nous en est le coucher pour les îles des Amis dans la mer du sud, et *vice versâ*.

52. Par le mouvement elliptique de la Terre autour du Soleil, et que j'ai démontré au n°. 40, son plus grand rapprochement de cet astre s'effectue au solstice d'hiver, et son plus grand éloignement au solstice d'été, ce qui semble être en opposition avec les effets du froid et du chaud que nous éprouvons dans ces deux saisons. Mais si on observe attentivement le mouvement de la Terre et ses diverses positions pendant sa révolution annuelle, on ne tardera pas à être convaincu qu'il n'y a rien de surprenant dans ces effets dont la cause est dans l'inclinaison de l'axe de la Terre.

53. En effet, quand la terre, dans le mois de juin, parcourt le signe du Capricorne, et que l'indicateur du soleil parcourt le signe opposé qui est l'Ecrevisse, elle est plus éloignée du Soleil que dans le mois de décembre où elle se trouve dans une position contraire. Mais dans le mois de juin, le Soleil est perpendiculaire au tropique du Cancer, et ses rayons ont quarante-sept degrés de moins d'inclinai-

son pour nous qu'ils n'en ont dans le mois de décembre. La chaleur que nous éprouvons doit donc être
en raison de la direction plus ou moins oblique de ces
mêmes rayons , et à peu près dans la proportion de
celle que nous éprouvons, en mettant la main au-dessus ou sur le côté d'une bougie allumée. Dans la première de ces positions , la chaleur est très-vive ; dans
la seconde elle l'est beaucoup moins.

54. Comme le plus ou le moins d'éloignement et
d'obliquité du Soleil produit une température de
chaud et de froid plus ou moins considérable , il doit
y avoir , et de fait il y a sur l'hémisphère méridional
plusieurs degrés de l'un et de l'autre en plus que sur
le septentrional ; c'est que l'été du premier a lieu pendant que la Terre est à son périhélie , et l'hiver quand
elle est à son aphélie.

55. La Lune est représentée sur le mécanisme
uranographique par le petit globe argenté dont le
support est fixé sur la poulie de cuivre qui la fait
mouvoir autour de la Terre : la position de cette
poulie , et l'excentricité dudit support font faire à
la Lune un mouvement elliptique dont l'inclinaison
au plan de l'orbite de la Terre contribue à produire
les phases ordinaires , ainsi que les éclipses de soleil et de lune , sinon avec la rigoureuse précision
que les astronomes pourrait désirer , ce qui est impossible à cause de l'insurmontable disproportion
des volumes et des distances des globes , mais au
moins avec assez d'exactitude pour démontrer, d'une
manière satisfaisante , la cause et les effets de ces
phénomènes curieux et intéressans.

56. De tous les corps célestes dont l'Univers est peuplé, la Lune est celui qui est le plus voisin de la Terre, et qui, après le Soleil, en est le plus important et le plus utile. Sa plus grande distance de notre globe n'excède jamais quatre-vingt-quatorze mille lieues ; son volume réel est cinquante fois environ plus petit que celui de la Terre ; sa forme est globulaire, et sa surface est couverte de montagnes, d'abîmes, de volcans, et probablement de forêts, de mers, etc. ce qui, malgré la rareté de son atmosphère, la rend susceptible d'être habitée par une multitude d'êtres diversement organisés.

Ce globe appartient à la Terre dont il est le satellite, et autour de laquelle il fait une révolution en vingt-neuf jours douze heures quarante-quatre minutes, en nous présentant invariablement le même hémisphère ; ce qui prouve qu'il fait une seule révolution sur son axe pendant les vingt-neuf jours et demi qu'il emploie pour en faire une autour de la Terre. De ce que pendant son cours, la Lune éclipse successivement le *Soleil*, les *planètes* et les *étoiles* devant lesquels elle passe, on en déduit naturellement que ces corps sont placés dans des sphères supérieures à la sienne, puisque, dans le cas contraire, ce serait elle, et non eux, qui serait éclipsée par ce passage intermédiaire. Ainsi que la Terre et toutes les autres planètes, la Lune reçoit du Soleil la lumière dont elle brille à nos yeux, et qui, dans certains temps, abrège ou dissipe l'obscurité de nos nuits. Cette lumière est réfléchie vers la Terre où elle arrive trois cent mille fois plus faible que celle qui nous parvient directement du Soleil; et comme il ne peut y avoir de doute que la Terre est à la Lune ce que celle-ci est à notre égard, il en résulte que la quantité de lumière réfléchie de la Terre sur la Lune, étant proportionnée au diamètre des globes, et à leur plus ou moins d'aptitude à ce reflet, la Lune, pour cette raison, doit se trouver trois fois environ plus éclairée par la Terre, que celle-ci ne l'est par la Lune. La lumière cendrée qu'on aperçoit sur ce globe dans ses premiers et derniers quartiers, n'étant elle-même qu'un contre-reflet de celle de la Terre, pourrait peut-être servir de preuve à ce raisonnement. Nous concluons donc en disant que si la Lune est le flambeau de nos nuits, la Terre est aussi le flambeau des nuits de la Lune, avec toutes les circonstances que nous remarquons dans celle-ci, son mouvement diurne excepté. Ainsi notre globe fait les fonctions de lune pour la Lune elle-même.

57. Quand le mécanisme est en action, on voit la Lune se mouvoir autour de la Terre, et y faire une *révolution* en vingt-neuf jours et demi, de manière que, pendant que la Terre fait la *sienne* autour du Soleil, la Lune en fait douze et *demie* à peu près autour de la Terre, ce qui est en parfait rapport avec le nombre qu'elle y fait en réalité.

58. Comme l'hémisphère de la Lune, tourné vers le Soleil, est le seul qui en soit éclairé, il est évident que quand elle se trouve entre le Soleil et la Terre, son hémisphère obscur étant tourné vers nous, elle doit nous être totalement invisible. C'est

la position où elle se trouve aux époques que nous appelons *nouvelle lune*.

59. A mesure que la Lune change de position, et que son éloignement du Soleil agrandit l'angle qu'elle forme avec cet astre et la Terre, son hémisphère éclairé se présente graduellement à nos yeux; ce qui produit périodiquement les diverses phases sous lesquelles elles nous apparaît : d'abord sous la forme d'une faucille ou croissant argenté; bientôt après sous l'aspect d'une demi-lune que nous nommons le *premier quartier*, ensuite sous l'apparence d'un ovale irrégulier, et enfin comme un cercle parfait et lumineux auquel nous avons donné le nom de *pleine lune*; ce qui n'a lieu que quand ce globe arrive dans la position inverse de la nouvelle lune, c'est-à-dire quand elle est en opposition avec le Soleil à l'égard de la Terre, qui dans ce cas occupe la place intermédiaire que la Lune occupait quatorze jours auparavant.

Le décroissement progressif de la Lune se produit en raison inverse de son accroissement, ainsi qu'on le voit sur le mécanisme.

60. Connaissant le jour d'une nouvelle lune, de celle du mois d'octobre 1816, par exemple, faites marcher le mécanisme jusqu'au moment où l'indicateur du Soleil dans le zodiaque, marque le 21 octobre et le premier degré du signe du Scorpion. Si dans cette position vous placez la Lune entre la Terre et le Soleil, vous aurez la nouvelle lune cherchée; et si vous mettez le mécanisme en mouvement, vous remarquerez que le premier quartier aura lieu le

27 du même mois ; la pleine lune le 5 , le dernier quartier le 12 , et une autre nouvelle lune le
19 de novembre , etc.

61. Pour rendre ces effets , et surtout ceux des
éclipses de soleil et de lune avec une vérité frappante, il ne faut que substituer à la place du Soleil, qu'on enlèvera aisément , une petite bougie
dont la flamme doit correspondre à l'équateur de
la Terre : alors tous les phénomènes seront représentés de manière à convaincre les yeux et l'esprit en
même temps.

62. On observera d'abord que quand la Lune est
interposée entre le Soleil et la Terre , elle projette
sur ce dernier globe une ombre qui, selon sa grandeur et sa direction , prive momentanément de la
présence totale ou partielle du Soleil , les contrées
où cette ombre est projetée. C'est la représentation
fidèle d'une éclipse totale ou partielle du Soleil, qui
serait plus exactement nommée éclipse de la Terre ,
puisque , dans cette circonstance , c'est elle , et non
le Soleil , qui est privée de lumière.

63. En faisant marcher le mécanisme , on découvre bientôt la raison qui rend les éclipses de soleil
d'une durée très-courte. La petitesse de la Lune ,
comparativement au Soleil et à la Terre , sa distance de l'un et de l'autre de ces deux globes , son
mouvement autour de la Terre et le mouvement de
celle-ci sur son axe et dans son orbite, sont autant
de causes qui contribuent à la brièveté des éclipses
de Soleil, dont la centralité occasionne sur les points
de la Terre où elle s'effectue , une obscurité subite

et profonde qui surprend et effraie les animaux , et qui permet de voir les étoiles comme en pleine nuit.

64. Puisque l'interposition directe de la Lune entre le Soleil et la Terre produit le phénomène des éclipses du soleil , l'interposition directe de la Terre entre ces deux astres doit donc aussi produire sur la Lune le même effet que celle-ci opère sur la Terre et être par conséquent la seule, la véritable cause des éclipses de Lune. C'est aussi ce qui arrive ; et comme le diamètre de la Terre surpasse de beaucoup celui de la Lune , que l'ombre conique du globe terrestre s'étend à une distance de trois cent vingt-quatre mille licues , et que la Lune ne traverse cette ombre qu'à une distance de quatre-vingt-six à quatre-vingt-quatorze mille lieues de sa base , il en résulte que les éclipses de lune sont généralement plus fréquentes et d'une durée beaucoup plus longue que celles du Soleil. Il arrive aussi , et cela doit être , comme on pourra l'observer à Paris, le 10 juin prochain à minuit, où une éclipse totale de lune sera visible , qu'au milieu de sa carrière et de la plus belle nuit , ce globe disparaît presque tout-à-coup du firmament , et ne semble être rendu à la Terre qu'après un intervalle qui peut s'étendre jusqu'au-delà de deux heures ; tandis que dans les éclipses de soleil, il s'étend rarement au delà de deux minutes. Il est aussi à remarquer que la disparition de la Lune au moment d'une éclipse totale, s'opère dans le même instant pour tout l'hémisphère de la Terre, qui est tourné vers cet astre, ce qui provient de son immersion subite dans l'ombre dont nous venons de

parler. On remarquera également que nos éclipses de soleil sont autant d'éclipses partielles de terre pour la Lune, et que nos éclipses de lune le sont de soleil pour celle-ci, puisque l'interposition et l'opacité de la Terre s'opposent à la transmission des rayons solaires sur le globe de la Lune. Enfin on observera que comme l'orbite de la Lune est inclinée au plan de celle de la Terre, le phénomène des éclipses ne peut se produire dans toutes les conjonctions et oppositions, mais seulement dans le cas où les nouvelles et pleines lunes arrivent dans le voisinage, ou à l'intersection de ces deux orbites, intersection que les astronomes désignent par *nœuds de la Lune*, ou de *l'orbite lunaire*.

65. Comme la circonscription du mécanisme uranographique, ou de tout autre de ce genre, ne permet pas d'établir dans leurs justes proportions, ni les distances ni les volumes des globes du système dont il est la représentation ; il en résulte que nonobstant l'inclinaison donnée à l'orbite de la Lune, sa trop grande approximité de la Terre pourrait faire supposer aux personnes non versées dans l'astronomie, que le phénomène des éclipses doit se renouveler à chaque nouvelle ou pleine lune, parce que, dans l'un et l'autre de ces deux cas, il se fait toujours une projection plus ou moins grande de l'ombre de l'un de ces deux globes sur le disque de l'autre. Pour rectifier ce défaut, il suffit d'observer que le centre de la flamme de la bougie qu'on peut substituer à la place de la boule qui représente le soleil, correspond directement au globe interposé qui produit l'éclipse ; dans

ce cas, le phénomène sera exact : dans le cas contraire, c'est au raisonnement à suppléer à l'impossibilité d'une parfaite exactitude.

66. Si, après avoir attentivement observé le mouvement et les révolutions du Soleil, de Mercure, de Vénus, de la Terre et de la Lune, pris chacun en particulier, on jette un regard sur le mouvement général de ces cinq globes, on les voit à chaque instant prendre de nouvelles positions les uns à l'égard des autres, et par la combinaison du mouvement particulier à chacun d'eux, produire une multitude de phénomènes dont la représentation sur le mécanisme est si frappante, qu'une description détaillée deviendrait superflue. Nous passerons donc aux

STATION ET RÉTROGRADATION DES PLANÈTES.

67. De tous les phénomènes produits par le mouvement des corps célestes, il n'en est peut-être aucun dont la bizarrerie ait si long-temps embarrassé les astronomes, que celui des stations et rétrogradations des planètes, et il n'en est aucun qui puisse offrir des preuves plus évidentes de la solidité du systême de Copernic, dont la merveilleuse simplicité s'accorde parfaitement avec ces bizarreries apparentes.

68. Toutes les planètes font leur mouvement d'occident en orient dans l'ordre des signes du zodiaque. Ce mouvement est d'une régularité parfaite, et cependant il semble être d'une irrégularité extravagante, car il nous paraît tantôt direct, tantôt suspendu et tantôt rétrograde. Ces apparences n'auraient point lieu, si les planètes tournaient véritablement autour

de

de la Terre , car alors leur mouvement paraîtrait toujours régulier et dirigé dans le même sens, comme il
l'est réellement , lorsqu'on le rapporte au centre du
Soleil.

69. Avant et après les conjonctions ou oppositions
des planètes avec la Terre , les premières paraissent
suspendre leur marche et rester immobiles pendant
un certain nombre de jours, qui croît en raison de
leurs distances respectives au Soleil ou à la Terre.
Après cette *station* ou ce repos apparent , la planète
cesse d'être *stationnaire* , le mouvement semble lui
être rendu , mais c'est pour aller plus vite et en sens
contraire de celui dans lequel elle allait avant sa station.

70. Pour rendre sur le mécanisme uranographique
ces effets qui sont communs à toutes les planètes dans
le ciel , j'y ai adapté un petit appareil que je nommerai *Appareil des rétrogradations* , à l'aide duquel
une simple démonstration suffit, non-seulement pour
découvrir la cause de ces bizarreries , mais encore
pour être convaincu que cette cause est toute entière
dans le mouvement de la Terre et des planètes autour
du Soleil.

Cet appareil qui fait partie du mécanisme , et qui
est représenté sur la gravure par A B C D, consiste
en une longue aiguille de laiton, percée transversale-
ment au point D, de manière à la pouvoir placer sur
la pointe alongée de l'axe E, autour duquel tourne la
poulie qui soutient la Lune , et lui donne le mouvement. La partie subtile de cette aiguille doit être placée entre les deux points de la petite fourchette mo-

bile C , qui se place à volonté sur l'un ou sur l'autre des petits globes qui représentent Mercure ou Vénus.

Cette aiguille , ainsi disposée , représente le rayon visuel d'un observateur , qui de la Terre suit dans le ciel le mouvement de la planète, pendant le cours d'une révolution. La pointe de l'aiguille montre sur le zodiaque les signes et les degrés dans lesquels l'observateur voit correspondre la planète en question.

71. En donnant le mouvement au mécanisme, on observera avec une sorte d'étonnement, que quand le globe porteur de cet appareil, approche de sa conjonction inférieure avec la Terre, la pointe de l'aiguille à laquelle, pour plus d'évidence encore, on peut adapter une très-petite bille de bois ou autre , s'arrête tout à coup, et reste quelque temps dans un état d'immobilité absolue , bien que le mouvement de la planète autour du Soleil n'éprouve ni suspension ni aucune espèce d'altération. Bientôt cette immobilité cesse ; mais au lieu de reprendre son mouvement direct dans le sens qu'elle avait avant son repos, cette aiguille prend une direction contraire, et retourne en arrière, en accélérant sa marche pendant tout le temps que dure le passage de la planète entre le Soleil et la Terre, et dont le terme est une autre immobilité semblable à la première. Le terme de ce nouveau repos expiré, le mouvement recommence ; mais alors il se fait dans la direction des signes , jusqu'au moment où le corps de la planète , se rapprochant de la Terre, se trouve sur le point de produire une nouvelle conjonction et les mêmes effets que nous venons de décrire.

Cette immobilité de l'aiguille dans les deux points de la tangente des deux globes, son mouvement rétrograde et accéléré, sont évidemment la représentation fidèle des *stations*, *accélérations* et *rétrogradations* apparentes des planètes dont les époques et la durée sont aujourd'hui calculées par les astronomes avec une précision aussi admirable que celle des éclipses, etc.

72. La cause de ces phénomènes dérive de la différence des mouvemens des planètes inférieures, Mercure et Vénus. Ces planètes tournant autour du Soleil dans le même sens de la Terre, mais en moins de temps, doivent paraître directes dans leurs conjonctions supérieures, et rétrogrades dans les inférieures. Mais entre le mouvement direct et le mouvement rétrograde, il y a nécessairement un instant de repos, un temps où la planète semble stationnaire; elle cesse alors d'être directe, elle est au moment d'être rétrograde, mais elle n'est ni l'un ni l'autre; elle marque seulement le point tangentiel ou d'union, où se touchent les arcs de direction et de rétrogadation.

73. Les planètes supérieures font à l'égard de la Terre, ce que celle-ci fait à l'égard des planètes inférieures. Quand la Terre paraît stationnaire à Jupiter, par exemple, cette planète est aussi stationnaire à nos yeux, parce que les rayons visuels sont communs à deux observateurs qu'on suppose se regarder réciproquement.

Quand la Terre vue du centre de Jupiter, paraît en conjonction inférieure avec le Soleil, et qu'elle

6 *

est rétrograde, Jupiter est pour nous en opposition et doit aussi nous paroître rétrograder. En effet, une planète est directe pour nous, lorsque notre mouvement conspire avec le sien pour la faire paraître aller du même sens où elle va réellement ; elle paraît être rétrograde, quand ces mouvemens se contrarient, de manière que la planète paraisse aller dans un autre sens que celui où elle va. (*Voy*. l'Astronomie de *Lalande*, l'Astronomie physique de *Biot*, etc.) Ainsi le point stationnaire et le mouvement rétrograde de toutes les planètes supérieures, peuvent se démontrer avec un appareil semblable à celui ci-dessus décrit, et que, pour plus de facilité, j'ai adapté à Mercure seulement.

74. Par tout ce que nous avons dit, et par les mouvemens qui s'opèrent sur le mécanisme, on voit que la position des planètes dans le zodiaque, ainsi que leurs aspects les unes à l'égard des autres, varient à l'infini, et que si un observateur, placé sur le Soleil, suivait la marche de ces globes, il les verrait souvent correspondre à d'autres points que ceux où un autre observateur placé sur la Terre les verrait dans le ciel. C'est pour cette raison que les astronomes distinguent ces deux points d'observations par les noms de *longitude héliocentrique* et *géocentrique*.

La longitude héliocentrique est la distance d'une planète au point de l'équinoxe du printemps, c'est-à-dire, au premier degré du signe du Bélier, vue du Soleil.

La longitude géocentrique est la distance d'une planète au même point de l'équinoxe, vue de la Terre.

Ainsi, quand le Soleil ou une planète ont, par leur mouvement annuel, parcouru trente degrés de l'écliptique, en partant de l'équinoxe, on dit qu'ils ont trente degrés, ou un signe de longitude, et ainsi de suite jusqu'à douze signes, c'est-à-dire, jusqu'au retour du Soleil, ou de la planète au même point équinoxial.

75. Dans la *Connaissance des Temps ou des mouvemens célestes*, et dans l'*Annuaire*, publiés chaque année par le bureau des longitudes à Paris, la position géocentrique des planètes principales dans le zodiaque y est donnée de six en six jours dans la première, et de dix en dix jours dans le second ; de sorte que, muni de l'un ou de l'autre de ces ouvrages, on peut, avec beaucoup de facilité, représenter sur le mécanisme uranographique le véritable état du ciel pour un jour donné, et se procurer ainsi en peu de temps le plaisir de voir d'un coup d'œil la majestueuse distribution de tous les corps célestes dont notre système est composé.

76. Dans la *Connaissance des Temps*, la longitude du Soleil, c'est-à-dire, sa distance à l'équinoxe, se trouve dans la deuxième colonne de la deuxième page de chaque mois, et la longitude géocentrique des planètes, dans la quatrième colonne de la sixième page aussi de chaque mois. Ainsi, par exemple, voulant voir sur le mécanisme la position et les aspects des planètes au 1er. janvier 1814, je trouve dans la susdite Connaissance des Temps d'où j'ai extrait le petit tableau suivant, la longitude du Soleil et celle des planètes, ainsi qu'il suit:

La longitude du Soleil étant de neuf signes dix degrés trente-une minutes, laissant à part les secondes, on fera marcher le mécanisme jusqu'à ce que l'indicateur du Soleil marque sur le zodiaque le dixième degré du Capricorne ; la Terre conséquemment se trouvera au dixième du Cancer.

La longitude géocentrique de Mercure étant de huit signes dix-sept degrés quarante-deux minutes, on le placera au dix-huitième degré du Sagittaire, vu de la Terre.

POSITION DES PLANÈTES. le 1er janvier 1814.		
Longitudes géocentriques.		
Le Soleil.		
☉ signes.	degrés.	minutes.
9	10	31
☿ Mercure.		
8	17	42
♀ Vénus.		
10	27	46
♂ Mars.		
0	1	7
♃ Jupiter.		
5	10	6
♄ Saturne.		
9	20	25
♅ Uranus.		
8	0	38

Pour faciliter ce placement géocentrique, on attache un fil au pied de laiton qui supporte la Terre, on tend ce fil sur le dix-huitième degré du Sagittaire, et, avec la main, on conduit la planète sur l'alignement du fil qui tient lieu de rayon visuel, et correspond nécessairement au lieu qu'occupe la planète dans le ciel.

En suivant le même procédé pour toutes les autres planètes, on placera Vénus au vingt-septième degré du Verseau, Mars au premier du Bélier, Jupiter au dixième de la Vierge, Saturne au dixième du Capricorne ; et enfin Uranus au premier du Sagittaire.

Toutes les planètes étant ainsi disposées sur le mé-

canisme , si on les observe de la **Terre**, on remarquera que le Soleil , Mercure , Vénus , Mars et Jupiter se trouvent sur une ligne presque droite d'o-
rient en occident ; Vénus et Mars à l'est du Soleil ,
Mercure et Jupiter à l'ouest , et qu'ainsi ces quatre
globes sont les uns à l'égard des autres en conjonction et en opposition. On remarquera également que
Saturne est à peu de chose près en conjonction avec
le soleil et Uranus à l'est de Saturne , etc.

La position des quatre petites planètes dernière-
ment découvertes ; savoir, Cérès, Pallas, Junon et
Vesta , n'étant point indiquée dans la Connaissance
des Temps, j'en ai fait abstraction dans l'exemple ci-
dessus, qui, outre les aspects dont j'ai parlé , en contient plusieurs autres que j'ai négligés pour laisser
au lecteur curieux le plaisir de les découvrir lui-
même , et d'exciter en lui le désir de pénétrer plus
avant dans l'étude d'une science qui a été et sera toujours l'objet de l'attention et de l'admiration des plus
grands génies , et dont la sublimité agrandit l'ame et
l'élève jusqu'au trône de la sagesse éternelle , qui a
jeté les fondemens de l'Univers , et établi les lois immuables qui règlent la marche et la durée des innombrables corps qui en remplisent l'immensité, et
attestent la gloire de leur auteur.

77. **Planètes** *extérieures*. La rapidité avec laquelle je me suis trouvé dans la nécessité de composer
cet ouvrage indispensable pour l'intelligence du mécanisme uranographique, m'a fait suivre un plan
qui, bien que régulier au fond, doit cependant paraître assez mal conçu , puisque j'aurais dû faire pré-

céder la description du mécanisme par une exposition succincte du système solaire, et réunir ainsi dans
quelques pages tout ce que j'ai dispersé çà et là sur
la forme et les élémens particuliers tant du Soleil que
de la Lune et des autres planètes. Mais comme le
temps me manque et m'empêche en ce moment de
rien changer à la marche que j'ai suivie jusqu'à présent, je me trouve dans la nécessité de continuer sur
ce même plan, et de remettre à une nouvelle édition,
si le succès et l'épuisement de celle-ci l'exigent, les
changemens et les additions convenables. Ce sont là
les motifs qui m'ont conduit à ne parler des planètes
extérieures et des comètes que dans les articles suivans.

78. MARS est connu dans le Ciel par la couleur
rougeâtre qui lui est propre, et qui est produite par
la densité de l'atmosphère dont il est environné.
Cette planète, qui est la quatrième dans l'ordre du
système, est cinq fois environ plus petite que la
Terre, et dont elle est cinq fois plus près dans son périgée que dans son apogée, ce qui fait qu'on le voit
très-rarement. La distance de ce globe au Soleil est
de cinquante-deux millions de lieues ; ainsi son orbite
enferme celle de la Terre, comme celle-ci enferme
celles de Mercure et de Vénus. Mars fait une révolution diurne autour de son axe en vingt-quatre heures
cinquante-une minute, et une autour du Soleil en six
cent quatre-vingt-six jours vingt-deux heures dix-huit
minutes. Une circonstance remarquable à l'égard de
cette planète, c'est la perpétuelle uniformité de ses
jours et de ses nuits, occasionnée par la perpendicu-
larité de l'axe de ce globe au plan de son orbite :

d'où il suit que Mars n'éprouve aucune différence de saisons.

CÉRÈS, petite planète découverte à Palerme, le 1er janvier 1801, par Piazzi, est un globe dix fois environ plus petit que celui de la Terre ; sa distance au Soleil, autour duquel elle fait sa révolution en quatre ans deux cent dix-sept jours, est de quatre-vingt-quinze millions vingt-huit mille lieues.

PALLAS, autre petite planète découverte à Brême, le 22 mars 1802, par *Olbers*, est vingt-neuf fois environ plus petite que la Terre : elle est éloignée du Soleil de quatre-vingt-quinze millions huit cent quatre-vingt-dix mille lieues, et fait sa révolution dans son orbite en quatre ans deux cent quarante-un jours dix-sept heures.

JUNON a été découverte à Lilienthal, le 4 septembre 1808, par *Harding*. Le diamètre de ce globe est encore ignoré ; mais on sait que sa distance au Soleil est de cent douze millions de lieues, et qu'elle fait sa révolution en cinq ans et trois mois.

VESTA, petite planète dont le diamètre est encore inconnu, et dont la révolution se fait en treize cent vingt-un jours douze heures autour du Soleil, dans un orbite dont le rayon est de soixante-treize millions trois cent six mille lieues, a été découverte à Brême le 29 mars 1807, par *Olbers*.

Les découvertes si rapprochées de ces quatre planètes, dont les orbites sont comprises entre celles de Mars et de Jupiter, peuvent induire à penser que les intervalles compris entre Jupiter et Saturne ; et entre cette planète et celle d'Uranus, sont aussi occupés

par d'autres globes que la perfection des instrumens
et le zèle des astronomes parviendront à faire découvrir un jour.

JUPITER est le plus gros de tous les globes célestes
dont notre système est composé , le Soleil excepté ;
trente-un mille cent onze lieues de diamètre ; un volume qui surpasse treize cents fois celui de la Terre ;
un mouvement de rotation qui accomplit en neuf heures cinquante-cinq minutes une révolution autour
d'un axe peu incliné , et qui lui fait parcourir à chaque point de son équateur une quantité de neuf mille
sept cent cinquante lieues par heure ; une orbite immense dont le rayon est de cent quatre-vingts millions de lieues , parcourue en près de douze ans ; une
alternative de jours et de nuits, dont la longueur
n'excède jamais cinq heures ; des pôles très-aplatis,
et dont l'affaissement est dû à la rapidité du mouvement diurne qui entraîne les nuages formés dans l'atmosphère de cette planète , et dont la densité semble
produire les zones obscures appelées *Ceintures de
Jupiter* , que l'on observe dans le voisinage de son
équateur, quatre lunes ou satellites produisant sur ce
globe des effets semblables à ceux de la Lune sur le
nôtre, et dont les fréquentes éclipses sont d'un grand
secours pour déterminer les longitudes : tels sont les
élémens et les particularités de ce globe imposant
dont les analogies avec la Terre sont si nombreuses ,
qu'il semble impossible qu'il ne soit qu'un vaste dé-
sert condamné à une stérilité éternelle.

SATURNE. De tous les objets que nous présente
la voûte céleste , cette planète est assurément celui

qui nous offre le plus de diversité dans les phénomènes. C'est un globe magnifique ceint d'un double anneau lumineux , accompagné de sept satellites , orné de bandes équatoriales , comprimé vers ses pôles, tournant sur son axe , éclipsant son anneau et ses satellites , dont il est réciproquement éclipsé ; toutes les parties de ce systême se réfléchissant mutuellement la lumière ; l'anneau et les lunes de la grande planète éclairant les nuits de ses habitans , et le globe et les satellites portant aussi la lumière sur les plages obscures de ces anneaux ; enfin la planète et ces mêmes anneaux suppléant à la lumière solaire pour les satellites qui s'en trouvent privés pendant les conjonctions.

Voilà sans doute un enchaînement de phénomènes auquel l'imagination semble ne pouvoir rien ajouter , et cependant les observations y découvrent encore quelques singularités qui distinguent *Saturne* des autres planètes. Son volume est mille fois environ celui de la Terre ; il fait sa révolution diurne en dix heures seize minutes, et celle autour du Soleil dont il est éloigné de trois cent trente millions de lieues, en vingt-neuf ans cent soixante-seize jours quatorze heures trente-six minutes ; son anneau tourne sur lui-même en dix heures vingt-neuf minutes autour d'un axe perpendiculaire à son plan , et dont la conservation du parallélisme dans tous les points de l'orbite de Saturne , produit sur les bords intérieurs et extérieurs de cet anneau des jours et des nuits dont la durée est de quinze ans environ.

Uranus, qui, par son éloignement du Soleil,

semble être relégué aux derniers confins de notre système planétaire , est un globe qui , malgré une grosseur égale à cent fois environ celle de la Terre , est cependant resté ignoré des hommes depuis l'origine du Monde jusqu'au 13 mars 1781 , qu'*Herschell* en fit la découverte en Angleterre , et lui donna aussitôt le nom de *Georgium Sidus* , comme un témoignage éclatant de sa reconnaissance envers le Monarque dont les bienfaits lui avaient procuré les moyens d'établir ce fameux télescope , qui a déjà rendu de si importans services à l'astronomie , et qui transmettra le nom d'*Herschell* à la postérité , avec les éloges que son mérite et sa persévérance lui ont justement acquis. Cependant *Flamsteed* , *Mayer* et *Lemonier* avaient précédemment aperçu cette planète , dont la petitesse et le mouvement insensible pendant les courtes observations qu'ils en firent, les portèrent à ne la considérer que comme une étoile de cinquième grandeur : de sorte que l'honneur de la découverte , non-seulement de cette planète , dont la distance au Soleil excède six cent soixante-deux millions de lieues , mais encore de six satellites qui l'accompagnent , appartient tout entier à ce célèbre astronome que l'Allemagne a vu naître , et qui doit le développement de son génie aux encouragemens de l'Angleterre.

Le mouvement de ce globe sur son axe n'est pas encore exactement connu ; mais on sait , avec précision , que sa révolution autour du Soleil s'accomplit en quatre-vingt-deux ans cent cinquante-deux jours quatre heures dix minutes.

78. Comètes. Outre les trente corps célestes réguliers tant planètes que satellites, que j'ai décrits
dans cet opuscule, et qui se trouvent réunis sur le
mécanisme uranographique, il en est une autre espèce qui fait aussi partie de notre système, et à
laquelle on a donné le nom de *Comètes*, à cause
de l'apparence de chevelure ou de queue qu'elles
entraînent avec elles.

Ces corps, que leur apparition et leur disparition
à nos yeux pourraient faire considérer comme des
globes vagabonds qui errent d'un système à l'autre,
et qui ont un mouvement différent de celui des planètes, sont toutefois soumis à des lois régulières qui
permettent quelquefois de prédire leur retour. Il est
donc à présumer que les comètes sont des globes per-
manens comme les planètes avec lesquelles elles ont
beaucoup d'analogie. Mais au lieu de se mouvoir dans
le zodiaque, ainsi que le font les planètes, les comètes, dont le nombre considérable ne sera probablement jamais connu des hommes, circulent dans toutes
les directions du Ciel, et traversent les orbites des
planètes sans obstacle (1).

L'apparition de ces globes extraordinaires a toujours été et sera probablement toujours considérée

____

(1) M. Delille de Salle, dans son *Histoire du Monde pri-
mitif*, tome 1, page 200, prétend, suivant l'astronome
Lambert, qu'il y a 500 mille comètes entre le Soleil et Saturne, et autant entre Saturne et Uranus ; et il ajoute :
« d'Uranus à l'aphélie de la comète de 1680, nos tables
nous donnent 5 milliards 64 millions de lieues, dans lequel
espace on peut sans hésiter placer 8 millions de comètes ; et
comme on croit que la comète de 1680 est située au centre
de l'intervalle qui sépare Uranus des confins du système solaire, ainsi on ne peut désapprouver l'idée que notre Soleil
est le foyer de l'orbite de 17 millions de comètes. »

par les peuples comme un signe de la colère du Ciel
et le précurseur de quelques grandes calamités dont
il menace les hommes ; et les événemens arrivés en
Europe pendant et après la longue apparition de la
belle comète de 1811, sont peu propres à détruire ce
préjugé. Cependant, une seule réflexion devrait suffire pour dissiper ces craintes puériles. Puisqu'on est
parvenu à prédire le retour de quelques comètes, et
que l'événement a justifié la prédiction (1), c'est
donc une erreur, peut-être même une sorte d'impiété,
de croire qu'à chaque retour périodique d'une comète,
la Terre doive être le théâtre de nouvelles horreurs.
Cette opinion ne suppose-t-elle pas dans la Divinité
une vengeance périodique qui se renouvelle à des
époques fixes, et qu'il est maintenant au pouvoir des
hommes de déterminer avec précision.

Tous les mois, la Lune paraît et disparaît à nos
yeux, sans qu'il en résulte aucun malheur pour la
Terre. Il en est de même de l'apparition et de la disparition des comètes, qui ne s'effectuent qu'après un
intervalle de temps, incomparablement plus long,
parce que les orbites qu'elles parcourent ont infiniment plus d'étendue que n'en a celle de la Lune, et
qu'une nouvelle apparition ne peut se manifester à
nos regards que quand une comète a accompli sa révolution dans son orbite, et que son rapprochement
de la Terre nous permet de l'observer, jusqu'à ce que

____

(1) Halley ayant calculé les élémens et l'orbite de la comète
de 1682, démontra que cette comète était la même qui parut
en 1607, et osa en prédire le retour pour l'année 1759. La
comète a effectivement reparu au temps fixé. Ainsi, sa révolution est de soixante qu nze ans environ. Elle reparaîtra
donc en 1834.

s'en éloignant de nouveau, elle disparaît encore à nos yeux. Les comètes ne peuvent donc être le présage ni la cause des catastrophes malheureuses que les passions humaines, bien plus que l'influence de ces corps errans, produisent sur la Terre.

Cependant, il est des circonstances où les comètes peuvent être philosophiquement considérées sous des rapports désastreux et propres à inspirer des craintes d'une révolution, non pas politique, mais physique de la Terre, et même sa destruction totale.

Puisque les orbites des planètes sont traversées par les orbites de quelques comètes, il pourrait donc arriver un jour que le point d'intersection de ces deux orbites devînt celui de la rencontre d'une planète avec une comète. Comme le passage de ces deux globes sur ce point ne pourrait s'effectuer en même temps, il en résulterait un choc d'autant plus désastreux pour l'un ou l'autre, et peut-être pour tous les deux, que cette rencontre se serait faite dans un sens uniforme ou opposé au mouvement particulier de chacun d'eux. Il est impossible de calculer les effets d'une telle rencontre, dont le moindre, sans doute, serait un déplacement, un changement de direction, etc.

Ce n'est pas tout. A leur passage dans le voisinage du Soleil, les comètes, suivant l'opinion commune, acquièrent un degré si considérable de chaleur, que tout ce qui, à leur surface, est susceptible d'évaporation, se réduit en cet état, et forme cette espèce de chevelure ou de queue qu'elles entraînent avec elles.

D'après les calculs de Newton, la chaleur qu'a éprouvé la comète de 1680, dans son plus grand rapprochement du Soleil, était deux mille fois plus forte que celle d'un boulet rougi au feu, et cinquante mille ans suffiront à peine pour en produire le réfroidissement. On conçoit aisément que si la Terre était exposée, pour quelques instans, à une chaleur aussi calcinante, non-seulement toutes les mers seraient bientôt réduites en vapeurs, mais le globe même serait pulvérisé, et ses cendres dispersées dans l'espace.

Les circonstances qui peuvent occasionner ces effets désastreux ou quelques autres d'une nature à peu près semblables, telle qu'un nouveau déluge, une siccité universelle, etc., et dont la seule pensée effraie l'imagination; ces circonstances, dis-je, sont enchaînées à tant d'autres qui peuvent détourner ou affaiblir ces effets, qu'on pourrait, avec assurance de gagner, parier plus de cent millions d'unités contre une seule, qu'ils n'arriveront jamais.

D'ailleurs, si nous considérons le nombre prodigieux des comètes, si nous considérons les routes différentes qu'elles tiennent dans l'espace, l'immensité de leurs orbites, la grosseur démesurée de quelques-uns de ces globes, etc., nous ne douterons pas un instant que les comètes ne soient destinées non à la destruction, mais à la conservation de l'Univers, et qu'elles sont nécessairement liées à l'ordre et à l'harmonie qui en constituent l'édifice éternel.

Nous terminerons par la citation des vers suivans, que Voltaire a faits sur le même sujet :

> Comètes, que l'on craint à l'égal du tonnerre ,
> Cessez d'épouvanter les peuples de la terre;
> Dans un orbite immense achevez votre cours ,
> Remontez, descendez, vers l'astre de nos jours ;
> Lancez vos feux ; volez ; et, revenant sans cesse ,
> Des Mondes épuisés ranimez la vieillesse;

F I N.

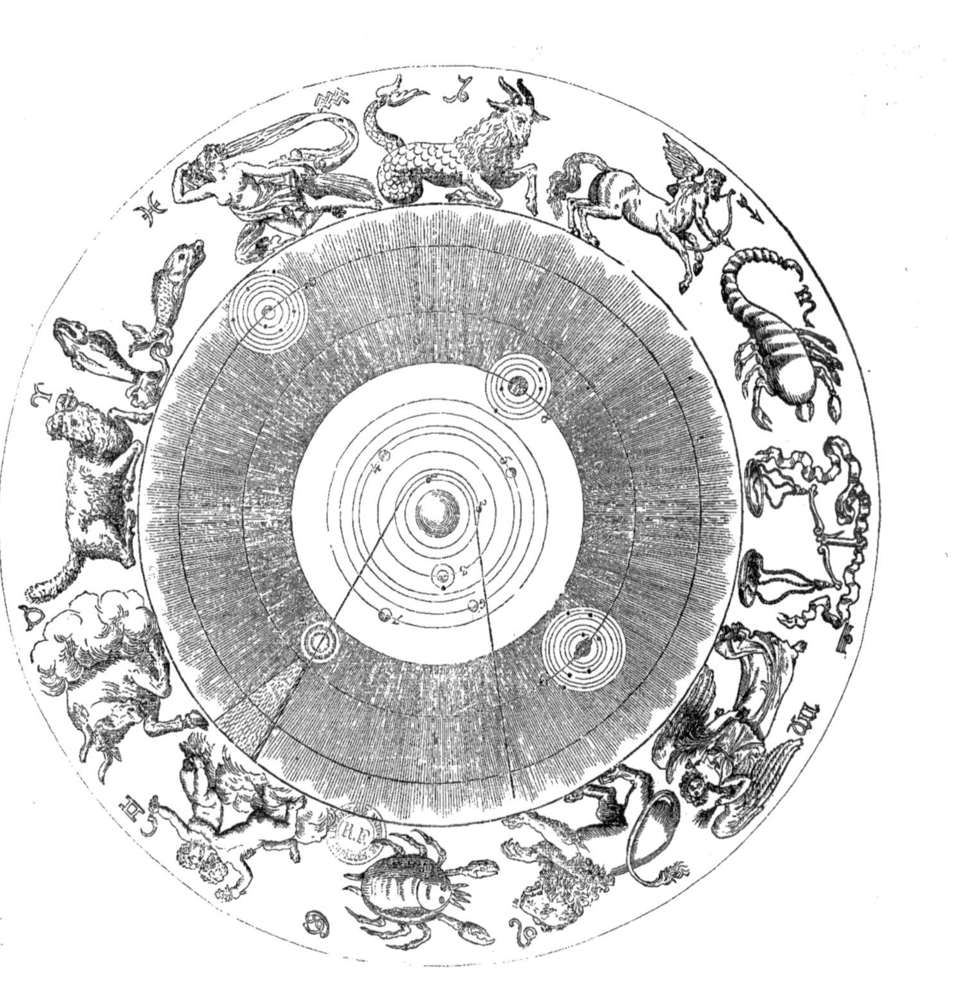